Kaushal Kumar
Paramvir Yadav

Gabaritos e acessórios

Kaushal Kumar
Paramvir Yadav

Gabaritos e acessórios

ScienciaScripts

Imprint

Any brand names and product names mentioned in this book are subject to trademark, brand or patent protection and are trademarks or registered trademarks of their respective holders. The use of brand names, product names, common names, trade names, product descriptions etc. even without a particular marking in this work is in no way to be construed to mean that such names may be regarded as unrestricted in respect of trademark and brand protection legislation and could thus be used by anyone.

Cover image: www.ingimage.com

This book is a translation from the original published under ISBN 978-620-7-80759-8.

Publisher:
Sciencia Scripts
is a trademark of
Dodo Books Indian Ocean Ltd. and OmniScriptum S.R.L publishing group

120 High Road, East Finchley, London, N2 9ED, United Kingdom
Str. Armeneasca 28/1, office 1, Chisinau MD-2012, Republic of Moldova, Europe
Printed at: see last page
ISBN: 978-620-7-86130-9

Índice

Prefácio

"Jigs and Fixtures" é um guia indispensável para engenheiros, maquinistas e fabricantes que procuram otimizar os processos de produção e aumentar a eficiência nas operações de fabrico. Este livro aprofunda os princípios fundamentais, considerações de design e aplicações práticas de gabaritos e acessórios em várias indústrias.

Com um enfoque na engenharia de precisão e na otimização do fluxo de trabalho, este recurso abrangente cobre tópicos que vão desde os conceitos básicos de conceção de gabaritos e dispositivos até técnicas avançadas para processos de fabrico específicos. Os leitores descobrirão a importância dos gabaritos e acessórios na redução dos custos de produção, na melhoria da qualidade do produto e no aumento da produtividade geral.

Concebido como uma referência valiosa tanto para estudantes como para profissionais, "Jigs and Fixtures" combina conhecimentos teóricos com ideias práticas, oferecendo estudos de casos, directrizes de design e dicas de resolução de problemas. Quer seja um novato a explorar o mundo do fabrico ou um profissional experiente que procura aperfeiçoar as suas competências, este livro fornece as ferramentas e os conhecimentos necessários para ter sucesso no campo dos gabaritos e acessórios.

Capítulo 1: Introdução aos gabaritos e acessórios

1.1 Definição e objetivo dos gabaritos e acessórios no fabrico

No domínio do fabrico, os gabaritos e os acessórios são ferramentas indispensáveis que desempenham papéis cruciais no aumento da eficiência, precisão e repetibilidade durante o processo de produção. Tanto os gabaritos como os acessórios são dispositivos especializados concebidos para facilitar e agilizar as operações de fabrico, particularmente nos processos de maquinação e montagem. A compreensão da sua definição, objetivo e significado revela o seu papel fundamental nas práticas industriais modernas.

1.1.1 Definição de gabaritos e acessórios:

1. **Gabaritos:** Um gabarito é um dispositivo mecânico que segura e posiciona uma peça de trabalho ou uma ferramenta relativamente a uma máquina-ferramenta (como um berbequim ou uma fresadora) durante as operações de maquinagem. Serve para guiar a ferramenta de corte com precisão, assegurando a localização exacta dos furos, dimensões e geometrias de acordo com as especificações do projeto. Os gabaritos apresentam normalmente componentes de aço endurecido, pinos de localização, casquilhos e mecanismos de fixação adaptados a configurações específicas da peça.

2. **Dispositivos de fixação:** Por outro lado, os dispositivos de fixação são utilizados para segurar e suportar com segurança as peças de trabalho durante os processos de maquinação, soldadura, montagem ou inspeção. Ao contrário dos gabaritos, os dispositivos de fixação concentram-se principalmente em fixar a peça de trabalho numa posição predeterminada, minimizando o movimento e a vibração para obter uma precisão dimensional e um acabamento de superfície consistentes. As fixações incorporam frequentemente grampos, tornos, batentes ajustáveis e mecanismos de indexação para facilitar o carregamento rápido, o alinhamento e a remoção de peças de trabalho.

1.1.2 Objetivo dos gabaritos e acessórios:

Os principais objectivos da utilização de gabaritos e acessórios no fabrico incluem

- **Precisão melhorada:** Os gabaritos e as fixações asseguram o alinhamento e o posicionamento precisos das peças e das ferramentas, minimizando os erros e os desvios durante as operações de maquinagem ou de montagem.
- **Aumento da produtividade:** Ao normalizar os procedimentos de configuração e ao reduzir os tempos de configuração, os gabaritos e acessórios permitem ciclos de produção mais rápidos e taxas de produção mais elevadas.
- **Melhoria da qualidade:** O posicionamento consistente da peça de trabalho e os mecanismos de fixação seguros evitam variações dimensionais e defeitos, resultando numa maior qualidade e fiabilidade do produto.
- **Eficiência de custos:** Através de parâmetros de maquinação optimizados e taxas de refugo reduzidas, os gabaritos e acessórios contribuem para a poupança global de custos e para uma maior rentabilidade nas operações de fabrico.

1.2 Desenvolvimento histórico e evolução

A evolução dos gabaritos e acessórios remonta a séculos, evoluindo de dispositivos rudimentares para ferramentas sofisticadas adaptadas para satisfazer as exigências dos processos de fabrico modernos. A compreensão do seu desenvolvimento histórico permite compreender os avanços tecnológicos e as inovações que moldaram as suas formas e funcionalidades actuais.

1.2.1 Início da atividade:

Historicamente, as primeiras civilizações utilizavam dispositivos simples feitos de madeira, pedra e metal para ajudar nas tarefas básicas de fabrico, como moldar ferramentas, armas e cerâmica. Os antigos artesãos egípcios e mesopotâmicos utilizavam dispositivos rudimentares para garantir uma produção consistente de artefactos e utensílios, embora sem a complexidade dos gabaritos e dispositivos contemporâneos.

1.2.2 Revolução Industrial:

O advento da Revolução Industrial no final do século XVIII e início do século XIX constituiu um marco significativo no desenvolvimento de gabaritos e acessórios. Com a mecanização dos processos de fabrico e o aparecimento de máquinas-ferramentas alimentadas por motores a vapor, a procura de componentes de precisão cresceu exponencialmente. Inovadores como Joseph Whitworth e Henry Maudslay foram pioneiros na conceção e aplicação dos primeiros gabaritos e dispositivos para melhorar a precisão e eficiência da maquinação na produção de maquinaria têxtil, armas de fogo e motores a vapor.

1.2.3 Avanços tecnológicos:

Ao longo do século XX, os avanços na ciência dos materiais, nos princípios de engenharia e nas tecnologias de fabrico catalisaram a evolução dos gabaritos e acessórios para instrumentos de precisão sofisticados. A introdução de ligas endurecidas, de técnicas de maquinação de precisão e de software de desenho assistido por computador (CAD) revolucionou o desenho, o fabrico e a aplicação de gabaritos e dispositivos em diversas indústrias - desde a automóvel e a aeroespacial à eletrónica e aos dispositivos médicos.

1.2.4 Era moderna:

No panorama atual do fabrico, os gabaritos e acessórios evoluíram para ferramentas altamente especializadas, concebidas para satisfazer tolerâncias rigorosas, volumes de produção e requisitos tecnológicos. Os processos de fabrico avançados, como o fabrico de aditivos (impressão 3D), a maquinação por controlo numérico computorizado (CNC) e a automação robótica, expandiram ainda mais as capacidades e a versatilidade dos gabaritos e acessórios na otimização dos fluxos de trabalho de produção e na garantia da consistência do fabrico.

1.3 Importância dos gabaritos e acessórios na melhoria da produtividade e da qualidade

A adoção de gabaritos e dispositivos nas operações de fabrico sublinha o seu papel fundamental na promoção de ganhos de produtividade, no aumento da qualidade dos produtos e na promoção da eficiência operacional. Os seus benefícios e contributos intrínsecos abrangem várias facetas da produção industrial, realçando o seu valor indispensável para as práticas de fabrico modernas.

1.3.1 Maior precisão e exatidão:

Uma das principais vantagens dos gabaritos e acessórios reside na sua capacidade de assegurar o alinhamento preciso, o posicionamento e a exatidão dimensional das peças durante os processos de maquinação e montagem. Ao guiarem as ferramentas de corte ou ao manterem as peças de trabalho em orientações pré-determinadas, os gabaritos e os acessórios reduzem os erros associados ao manuseamento manual e promovem uma repetibilidade consistente de peça para peça. Esta precisão é crítica nas indústrias que exigem tolerâncias apertadas, como a aeroespacial, automóvel e de fabrico de dispositivos médicos, onde os desvios podem comprometer a funcionalidade e a segurança do produto.

1.3.2 Simplificação da configuração da produção e das mudanças:

Os gabaritos e acessórios desempenham um papel fundamental na redução dos tempos de preparação e na facilitação de mudanças rápidas entre os ciclos de produção. Os designs de fixação normalizados, os mecanismos de fixação de libertação rápida e os componentes modulares permitem aos fabricantes simplificar as transições do fluxo de trabalho, otimizar a utilização da máquina e responder prontamente às diferentes exigências de produção. Esta agilidade operacional aumenta a flexibilidade de fabrico e as taxas de produção, minimizando o tempo de inatividade e os custos relacionados com a configuração.

1.3.3 Garantia de qualidade e prevenção de defeitos:

Ao manterem as peças de trabalho em posições fixas e ao minimizarem a vibração, os gabaritos e acessórios contribuem para melhorar as práticas de garantia de qualidade e as estratégias de prevenção de defeitos. O alinhamento consistente das peças e as condições de maquinação estáveis reduzem o risco de erros de maquinação, imperfeições superficiais e variações dimensionais que podem comprometer a integridade do produto. As indústrias centradas na qualidade utilizam gabaritos e acessórios para aplicar protocolos de inspeção rigorosos, validar a conformidade das peças e manter normas de qualidade rigorosas ao longo do ciclo de vida do fabrico.

1.3.4 Eficiência operacional e relação custo-eficácia:

A integração de gabaritos e acessórios nos fluxos de trabalho de fabrico promove a eficiência operacional ao otimizar a utilização de recursos, a produtividade do trabalho e o rendimento global da produção. A aplicação sistemática de soluções de fixação padronizadas e de designs ergonómicos de dispositivos minimiza a fadiga do operador, aumenta a segurança no local de trabalho e promove um ambiente propício a iniciativas de melhoria contínua dos processos. Além disso, ao minimizar as taxas de refugo, o retrabalho e o desperdício de material, os gabaritos e acessórios contribuem para a redução de custos, maior rentabilidade e práticas de fabrico sustentáveis.

1.3.5 Facilitação de operações de maquinagem complexas:

Nas indústrias caracterizadas por geometrias complexas, requisitos de maquinação multieixos e critérios de desempenho rigorosos, os gabaritos e dispositivos servem como facilitadores indispensáveis de operações de maquinação avançadas. Os designs de dispositivos adaptados acomodam configurações de peças complexas, facilitam os processos de maquinação em várias etapas e suportam a integração de tecnologias de fabrico de ponta, como a automação robótica e o fabrico aditivo. Esta versatilidade permite aos fabricantes obter uma qualidade superior das peças, precisão dimensional e acabamento superficial, optimizando simultaneamente os tempos de ciclo de maquinagem e maximizando o rendimento da produção.

Capítulo 2: Tipos de gabaritos e dispositivos de fixação

Os gabaritos e acessórios são ferramentas indispensáveis no fabrico, concebidos para aumentar a precisão, a produtividade e a qualidade em vários processos industriais. São classificados com base na sua função, construção e especialização para indústrias específicas. A compreensão dos diversos tipos de gabaritos e dispositivos fornece informações sobre as suas aplicações, capacidades e contributos para as práticas de fabrico modernas.

2.1 Classificação com base na função

Os gabaritos e acessórios são classificados de acordo com a sua função principal de guiar, segurar e apoiar peças de trabalho durante operações de maquinagem, montagem, soldadura e inspeção. Cada tipo é adaptado a tarefas de fabrico específicas, garantindo um desempenho e uma eficiência óptimos.

2.1.1. Gabaritos de perfuração:

Os gabaritos de perfuração são ferramentas especializadas utilizadas para orientar e posicionar operações de perfuração com precisão e exatidão. Incluem buchas de perfuração endurecidas, pinos de localização e mecanismos de fixação para fixar as peças de trabalho no lugar e manter dimensões e alinhamentos consistentes dos furos. Os gabaritos de perfuração são essenciais em indústrias como a aeroespacial, a automóvel e o fabrico de metais, onde a perfuração precisa de furos é crítica para a montagem de componentes e integridade estrutural.

2.1.2. Dispositivos de fresagem:

Os dispositivos de fresagem são dispositivos concebidos para segurar e suportar peças de trabalho durante as operações de fresagem. Proporcionam um suporte estável, minimizam as vibrações e facilitam os processos de maquinagem multieixos para obter geometrias e acabamentos de superfície complexos. Os dispositivos de fresagem incorporam frequentemente paragens ajustáveis, dispositivos de fixação e características de indexação para garantir um posicionamento repetível das peças e precisão de maquinagem. As indústrias que utilizam dispositivos de fresagem incluem o fabrico automóvel, o fabrico de moldes e matrizes e a engenharia de precisão.

2.1.3. Dispositivos de soldadura:

Os dispositivos de soldadura são dispositivos utilizados para alinhar e manter os componentes em posição durante os processos de soldadura. Asseguram o alinhamento preciso das peças, a exatidão das juntas e a distribuição do calor para obter uma qualidade de soldadura e integridade estrutural consistentes. Os acessórios de soldadura podem incluir blocos de fixação, pinos de localização, grampos e estruturas de suporte concebidos para acomodar várias técnicas de soldadura, como a soldadura por arco, a soldadura MIG (Metal Inert Gas) e a soldadura TIG (Tungsten Inert Gas). As aplicações abrangem as linhas de montagem de automóveis, a construção naval e o fabrico de componentes estruturais de aço.

2.1.4. Dispositivos de montagem:

Os dispositivos de montagem são dispositivos utilizados na montagem de produtos ou subconjuntos complexos, assegurando o alinhamento, o ajuste e a funcionalidade correctos dos componentes. Integram características de design ergonómico, disposições de encaixe de peças e mecanismos à prova de erros para simplificar as operações de montagem, reduzir os tempos de ciclo e minimizar os erros de montagem. Os acessórios de montagem são predominantes nas indústrias que produzem eletrónica de consumo, aparelhos, dispositivos médicos e montagens aeroespaciais.

2.1.5. Dispositivos de inspeção:

Os dispositivos de inspeção são dispositivos utilizados para verificar a precisão dimensional, as tolerâncias geométricas e a qualidade da superfície de componentes maquinados ou montados. Incorporam instrumentos de medição de precisão, pontos de referência e auxiliares de alinhamento ótico para realizar inspecções metrológicas e avaliações de controlo de qualidade. Os dispositivos de inspeção desempenham um papel crucial na validação da conformidade das peças, identificando desvios das especificações de conceção e assegurando a conformidade com as normas de qualidade em sectores de fabrico que exigem protocolos de garantia de qualidade rigorosos.

2.1.6. Dispositivos de retificação:

Os dispositivos de retificação são dispositivos especializados concebidos para segurar peças de trabalho durante operações de retificação para obter acabamentos de superfície precisos, exatidão dimensional e tolerâncias apertadas. Apresentam mecanismos de fixação robustos, suportes ajustáveis e suportes de mós optimizados para vários processos de retificação, como a retificação cilíndrica, a retificação de superfícies e a retificação sem centros. Os dispositivos de retificação são utilizados na fabricação de ferramentas e matrizes, usinagem de precisão e produção de componentes de alta precisão.

2.1.7. Dispositivos de torneamento:

Os dispositivos de torneamento são dispositivos utilizados em operações de torno para fixar e posicionar peças de trabalho para operações de torneamento, faceamento e roscagem. Facilitam a centragem precisa, a folga da ferramenta e a orientação da peça para obter resultados óptimos de maquinagem em tornos e centros de torneamento. Os dispositivos de torneamento podem incorporar mandíbulas de mandril, suportes de cabeçote móvel e mecanismos de indexação para acomodar diferentes geometrias de peças de trabalho e requisitos de maquinagem. Os dispositivos de torneamento têm aplicação nas indústrias que fabricam veios, engrenagens e componentes rotativos.

2.2 Classificação baseada na construção

Os gabaritos e acessórios são também classificados com base nas suas características de construção, incluindo a sua complexidade de conceção, modularidade e adaptabilidade a requisitos específicos de fabrico.

2.2.1. Gabaritos para placas:

Os gabaritos de placa são gabaritos simples construídos a partir de placas ou estruturas planas com furos, ranhuras ou ranhuras para acomodar peças de trabalho e guiar ferramentas de corte. Oferecem versatilidade no suporte de vários tamanhos e formas de peças de trabalho, tornando-os adequados para o desenvolvimento de protótipos e produções de baixo volume em ambientes de maquinação e fabrico.

2.2.2. Gabaritos de caixa:

Os gabaritos de caixa apresentam estruturas fechadas com vários lados ou compartimentos concebidos para segurar com segurança peças de trabalho e componentes de ferramentas. Proporcionam maior rigidez, amortecimento de vibrações e proteção contra salpicos de líquido de refrigeração durante as operações de maquinagem, tornando-os ideais para tarefas de maquinagem de alta precisão nas indústrias aeroespacial, automóvel e de defesa.

2.2.3. Dispositivos modulares:

Os dispositivos modulares consistem em componentes padronizados, subconjuntos e elementos intercambiáveis que podem ser configurados e reconfigurados para acomodar diversas geometrias de peças de trabalho e requisitos de produção. Oferecem flexibilidade, escalabilidade e capacidades de configuração rápida, facilitando a reconfiguração eficiente da linha de produção e a adaptação às exigências de fabrico em constante mudança.

2.2.4. Dispositivos de indexação:

Os dispositivos de indexação incorporam mecanismos de indexação ou mesas rotativas que permitem o posicionamento angular preciso e o alinhamento rotacional de peças durante operações de maquinagem ou montagem. Suportam a maquinagem multifacetada, o contorno e a perfuração de peças em incrementos angulares específicos, aumentando a produtividade e a precisão da maquinagem em indústrias que exigem geometrias de peças complexas e simetria rotacional.

2.2.5. Dispositivos de fixação de paletes:

Os dispositivos de fixação de paletes consistem em sistemas de suporte de trabalho paletizados equipados com paletes, lápides ou placas de fixação concebidas para suportar várias peças de trabalho em simultâneo. Facilitam a produção em lotes, operações de maquinação não tripuladas e a troca rápida de peças de trabalho em centros de maquinação CNC e sistemas de fabrico flexíveis (FMS). Os dispositivos de fixação de paletes optimizam o rendimento, minimizam os tempos de configuração e maximizam a utilização da máquina em ambientes de fabrico de grande volume.

2.2.6. Luminárias dedicadas:

Os dispositivos dedicados são dispositivos concebidos à medida, adaptados a configurações específicas de peças de trabalho, processos de produção e requisitos de maquinação. São optimizados para tarefas de fabrico repetitivas, assegurando uma qualidade consistente das peças, precisão dimensional e eficiência de produção. As fixações dedicadas são predominantes nas indústrias que produzem componentes de motores automóveis, estruturas aeroespaciais e implantes médicos que exigem uma adesão rigorosa às especificações de conceção e às normas de fabrico.

2.3 Gabaritos e Dispositivos Especializados para Indústrias Específicas

Os gabaritos e acessórios são personalizados e optimizados para aplicações especializadas em diversos sectores industriais, abordando desafios de fabrico únicos, critérios de desempenho e requisitos regulamentares.

2.3.1. Indústria automóvel:

No sector automóvel, os gabaritos e acessórios são utilizados no fabrico de blocos de motor, componentes de transmissão, conjuntos de chassis e estruturas de carroçaria em branco. Os dispositivos automóveis asseguram o alinhamento preciso dos painéis de chapa metálica, os dispositivos de soldadura facilitam as operações de soldadura robotizada e os dispositivos de montagem simplificam os processos de montagem de veículos. Os fabricantes de automóveis confiam nos gabaritos e acessórios para alcançar a precisão dimensional, a eficiência da linha de montagem e a consistência do produto em ambientes de produção em massa.

2.3.2. Sector aeroespacial e da defesa:

As indústrias aeroespacial e de defesa utilizam gabaritos e dispositivos para fabricar secções de fuselagem de aeronaves, estruturas de asas, componentes de trens de aterragem e sistemas de mísseis. Os dispositivos aeroespaciais acomodam montagens em grande escala, geometrias complexas e tolerâncias críticas necessárias para a construção de fuselagens e integridade estrutural. Os dispositivos de maquinagem de precisão permitem a maquinagem de alta precisão de componentes aeroespaciais, garantindo a conformidade com normas aeroespaciais rigorosas e regulamentos de segurança.

2.3.3. Fabrico de eletrónica e de semicondutores:

No fabrico de produtos electrónicos e semicondutores, os gabaritos e acessórios apoiam o fabrico de placas de circuito impresso (PCB), chips semicondutores, conjuntos electrónicos e dispositivos microelectrónicos. Os dispositivos de montagem de PCB facilitam a soldadura, a colocação de componentes e as operações de teste, enquanto os dispositivos de manuseamento de semicondutores garantem a manipulação segura e precisa de frágeis bolachas de silício e componentes electrónicos durante os processos de fabrico. Os fabricantes de eletrónica confiam nos gabaritos e acessórios para aumentar o rendimento da produção, a fiabilidade e a garantia de qualidade em ambientes de fabrico de alta tecnologia.

2.3.4. Produção de dispositivos médicos:

A indústria de dispositivos médicos utiliza gabaritos e acessórios para o fabrico de instrumentos cirúrgicos, implantes ortopédicos, equipamento de diagnóstico e dispositivos médicos que requerem maquinação e montagem de precisão. Os projectos de dispositivos médicos dão prioridade à biocompatibilidade, à limpeza e ao manuseamento ergonómico para cumprir as rigorosas normas regulamentares e os requisitos de higiene. Os fabricantes de dispositivos médicos utilizam gabaritos e dispositivos para obter embalagens estéreis, alinhamento preciso de ferramentas cirúrgicas e desempenho consistente do produto em ambientes de cuidados de saúde.

2.3.5. Bens de consumo e electrodomésticos:

No fabrico de bens de consumo e de electrodomésticos, os gabaritos e acessórios apoiam a montagem de electrodomésticos, eletrónica de consumo, componentes de mobiliário e bens de consumo duradouros. Os dispositivos de montagem asseguram a ergonomia da montagem, o alinhamento das peças e os testes funcionais de produtos como frigoríficos, máquinas de lavar roupa, televisores e eletrónica doméstica. Os fabricantes de bens de consumo utilizam gabaritos e acessórios para otimizar a eficiência da produção, a qualidade dos produtos e a competitividade no mercado global.

Capítulo 3: Princípios de conceção

A conceção de gabaritos e dispositivos eficazes é crucial no fabrico moderno para garantir a precisão, a produtividade e a qualidade das operações de maquinagem e montagem. Este texto exaustivo explora os princípios fundamentais de conceção, considerações, critérios de seleção de materiais e aspectos de controlo dimensional essenciais para otimizar o desempenho e a funcionalidade de gabaritos e acessórios em diversas aplicações industriais.

3.1 Considerações sobre o projeto de gabaritos e acessórios

A conceção eficaz de gabaritos e dispositivos envolve a consideração cuidadosa de vários factores que influenciam o seu desempenho, fiabilidade e utilização nos processos de fabrico. As principais considerações de projeto incluem:

3.1 1. Exatidão:

A precisão é fundamental na conceção de gabaritos e dispositivos, uma vez que tem um impacto direto na precisão dimensional e na repetibilidade dos componentes maquinados ou montados. As características do projeto, tais como superfícies de localização precisas, componentes de aço endurecido e encaixes de folga zero contribuem para minimizar os erros de posicionamento e garantir uma qualidade consistente das peças. As tolerâncias de engenharia e os princípios de tolerância geométrica orientam o processo de design para cumprir os requisitos dimensionais rigorosos e as especificações de tolerância exigidas pelas normas da indústria e pelas expectativas dos clientes.

3.1.2. Rigidez:

A rigidez refere-se à rigidez e à resistência à deformação exibidas pelos gabaritos e acessórios durante as operações de maquinação ou montagem. A conceção da rigidez envolve a seleção de materiais robustos, a otimização de geometrias estruturais e a integração de elementos de reforço para minimizar as deflexões, vibrações e desvios dimensionais sob forças de corte ou cargas operacionais. A rigidez melhorada aumenta a estabilidade da maquinagem, melhora a qualidade do acabamento da superfície e prolonga a vida útil da ferramenta, particularmente em aplicações de maquinagem de alta velocidade e em ambientes de maquinagem pesada.

3.1.3. Facilidade de utilização e ergonomia:

A facilidade de utilização e as considerações ergonómicas são essenciais para aumentar a eficiência, a segurança e o conforto do operador durante as operações de preparação, carga e descarga. Características de design como a colocação ergonómica de pegas, mecanismos de fixação intuitivos e controlos de ajuste acessíveis facilitam mudanças rápidas de ferramentas, reduzem os tempos de configuração e atenuam a fadiga do operador. Os princípios de engenharia de factores humanos orientam a integração de interfaces de fácil utilização, elementos de design ergonómico e características de segurança para otimizar a ergonomia do local de trabalho e promover a produtividade do operador em ambientes de fabrico.

3.1.4. Versatilidade e flexibilidade:

A versatilidade e a flexibilidade na conceção de gabaritos e dispositivos permitem a adaptação a diversas geometrias de peças, processos de maquinagem e requisitos de produção. Conceitos de design modular, componentes padronizados e características ajustáveis permitem uma rápida reconfiguração, escalabilidade e compatibilidade com vários tamanhos e formas de peças de trabalho. A conceção para a versatilidade aumenta a flexibilidade de fabrico, suporta estratégias de produção ágeis e acomoda as exigências do mercado em mudança sem comprometer a eficiência operacional ou os padrões de qualidade.

3.1.5. Acessibilidade para manutenção e assistência técnica:

A conceção de gabaritos e acessórios com características de manutenção acessíveis, componentes de desgaste substituíveis e pontos de inspeção facilita a manutenção proactiva, a resolução de problemas e a substituição de componentes para minimizar o tempo de inatividade e maximizar a disponibilidade do equipamento. A incorporação de elementos de design reparáveis, tais como placas de desgaste de substituição rápida, pontos de lubrificação e painéis de acesso de diagnóstico, simplifica os procedimentos de manutenção, prolonga a vida útil operacional e assegura um desempenho consistente ao longo de ciclos de produção alargados.

3.2 Seleção de materiais para gabaritos e acessórios

A seleção de materiais para gabaritos e dispositivos é fundamental para alcançar um desempenho, durabilidade e rentabilidade ideais em aplicações de fabrico. Os factores que influenciam a seleção de materiais incluem propriedades mecânicas, resistência ao desgaste, estabilidade térmica, resistência à corrosão e maquinabilidade. Os materiais normalmente utilizados para gabaritos e acessórios incluem:

3.2.1. Aços-ferramenta:

Os aços para ferramentas, tais como os tipos AISI H13, D2 e A2, são preferidos pela sua elevada dureza, resistência à abrasão e propriedades de condutividade térmica. Os aços para ferramentas apresentam uma excelente estabilidade dimensional, resistência ao desgaste e maquinabilidade, o que os torna adequados para a produção de superfícies de localização de alta precisão, componentes resistentes ao desgaste e inserções de ferramentas em gabaritos e acessórios sujeitos a desgaste abrasivo e condições de carga repetitiva.

3.2.2. Aços inoxidáveis:

Os aços inoxidáveis, incluindo os austeníticos (por exemplo, 304, 316), martensíticos (por exemplo, 410, 420) e os graus de endurecimento por precipitação (por exemplo, 17-4 PH), oferecem uma resistência superior à corrosão, estabilidade química e biocompatibilidade em ambientes industriais exigentes. Os aços inoxidáveis são seleccionados para o fabrico de componentes de fixação resistentes à corrosão, mecanismos de fixação e superfícies de contacto expostas à humidade, produtos químicos ou fluidos de maquinagem agressivos em aplicações aeroespaciais, médicas e de processamento de alimentos.

3.2.3. Ligas de alumínio:

As ligas de alumínio, tais como 6061-T6 e 7075-T651, são leves, maquináveis e apresentam boas propriedades mecânicas, incluindo uma elevada relação resistência/peso, resistência à corrosão e condutividade térmica. As ligas de alumínio são utilizadas para fabricar bases de fixação leves, componentes de fixação modulares e ferramentas de montagem nas indústrias automóvel, eletrónica e aeroespacial que requerem massa reduzida, rápida dissipação de calor e estabilidade estrutural durante as operações de maquinagem ou montagem.

3.2.4. Plásticos de engenharia:

Os plásticos de engenharia, como o acetal (POM), o nylon (PA) e a poliéter-éter-cetona (PEEK), oferecem uma resistência excecional ao desgaste, inércia química e estabilidade dimensional em comparação com os metais convencionais. Os plásticos de engenharia são utilizados para o fabrico de componentes de fixação que não provocam danos, guias que reduzem a fricção e isoladores térmicos em aplicações de montagem de semicondutores, dispositivos médicos e eletrónica que requerem ambientes de elevada pureza, isolamento elétrico e compatibilidade com materiais sensíveis.

3.2.5. Materiais compósitos:

Os materiais compósitos, incluindo os polímeros reforçados com fibra de carbono (CFRP) e os plásticos reforçados com fibra de vidro (FRP), combinam propriedades de leveza com elevada força, rigidez e resistência à fadiga. Os materiais compósitos são utilizados para a produção de componentes de fixação leves, inserções de ferramentas e operadores finais robóticos nas indústrias aeroespacial, automóvel e marítima que procuram reduzir o peso estrutural, melhorar o amortecimento das vibrações e melhorar a precisão dimensional durante os processos de maquinagem ou montagem.

3.2.6. Materiais cerâmicos:

Os materiais cerâmicos, como a alumina (Al_2O_3) e o carboneto de silício (SiC), apresentam uma dureza, estabilidade térmica e inércia química excepcionais em ambientes de alta temperatura, abrasivos e corrosivos. Os materiais cerâmicos são utilizados para fabricar componentes de fixação resistentes ao desgaste, inserções de ferramentas de corte e superfícies de contacto em aplicações de retificação de precisão, maquinagem de cerâmica e fabrico de semicondutores que requerem uma precisão dimensional superior, qualidade de acabamento da superfície e fiabilidade operacional.

3.3 Tolerâncias e controlo dimensional

A obtenção de tolerâncias precisas e o controlo dimensional são essenciais para garantir a precisão, a funcionalidade e a conformidade dos componentes maquinados ou montados com as especificações do projeto. O controlo dimensional engloba vários aspectos críticos:

3.3.1. Tolerâncias de engenharia:

As tolerâncias de engenharia definem as variações permitidas nas dimensões, forma geométrica e acabamento superficial de componentes maquinados ou montados em relação aos requisitos do projeto. As tolerâncias são especificadas como desvios das dimensões nominais e são classificadas em dimensões lineares (por exemplo, $\pm0{,}005$ polegadas), dimensões angulares (por exemplo, $\pm0{,}5$ graus) e tolerâncias de forma (por exemplo, planicidade, circularidade). A conceção de gabaritos e dispositivos com capacidades de tolerância apertadas, características de localização de precisão e mecanismos de fixação ajustáveis facilita o posicionamento exato das peças, minimiza os desvios dimensionais e assegura a consistência de peça para peça nas operações de fabrico.

3.3.2. Sistemas de Datum e Pontos de Referência:

Os sistemas de pontos de referência estabelecem planos, pontos ou eixos de referência primários em peças de trabalho e conjuntos de fixação para facilitar a metrologia dimensional, o alinhamento de peças e a verificação geométrica durante os processos de inspeção. O estabelecimento de estruturas de pontos de referência claras, alvos de pontos de referência e sistemas de coordenadas na conceção de gabaritos e dispositivos permite o posicionamento preciso das peças, a medição dimensional e a avaliação da conformidade com desenhos de engenharia, tolerâncias geométricas e critérios de garantia de qualidade nos sectores automóvel, aeroespacial e de fabrico de dispositivos médicos que requerem um controlo dimensional rigoroso e validação metrológica.

3.3.3. Instrumentos metrológicos e técnicas de medição:

Os instrumentos metrológicos, incluindo as máquinas de medição por coordenadas (CMM), os comparadores ópticos e os calibres de precisão, são utilizados para realizar inspecções dimensionais, análises geométricas e profilometria de superfícies de componentes maquinados ou montados. As técnicas metrológicas, como a sondagem tátil, o varrimento ótico e os métodos de medição sem contacto, são utilizadas para verificar as dimensões das peças, as tolerâncias de forma e as características de acabamento da superfície em relação aos modelos CAD, aos desenhos de engenharia e às especificações de controlo de qualidade. A integração de instrumentos metrológicos com gabaritos e dispositivos facilita a metrologia em processo, a monitorização da qualidade em tempo real e o controlo estatístico do processo (SPC) para validar a precisão do fabrico, otimizar os processos de produção e garantir a conformidade com os requisitos do cliente nas indústrias aeroespacial, automóvel e eletrónica.

3.3.4. Controlo estatístico do processo (SPC) e garantia da qualidade:

As metodologias de controlo estatístico do processo (SPC), incluindo cartas de controlo, análise da capacidade do processo e princípios Six Sigma, são utilizadas para monitorizar, analisar e melhorar a estabilidade dimensional dos processos de fabrico, a redução da variação e os índices de capacidade do processo (Cpk). As técnicas de SPC permitem a avaliação quantitativa da variação dimensional, a identificação de valores anómalos no processo e a implementação de acções correctivas para atingir bandas de tolerância mais apertadas, melhorar a consistência do produto e atenuar as não-conformidades dimensionais em operações de maquinagem de alta precisão, moldagem por injeção e montagem que requerem validação estatística e iniciativas de melhoria contínua da qualidade.

Capítulo 4: Componentes de gabaritos e dispositivos de fixação

Os gabaritos e acessórios são ferramentas essenciais no fabrico que desempenham um papel fundamental no aumento da precisão, produtividade e qualidade durante os processos de maquinagem, montagem e inspeção. Estas ferramentas incorporam uma variedade de componentes concebidos para segurar, posicionar, guiar e acionar com segurança peças de trabalho e ferramentas em ambientes de fabrico. Compreender as funcionalidades e os princípios de conceção dos principais componentes, tais como dispositivos de localização e de fixação, elementos de guia e de suporte e mecanismos de acionamento, é crucial para otimizar o desempenho dos gabaritos e dos dispositivos de fixação em diversas aplicações industriais.

4.1 Dispositivos de localização e de fixação

Os dispositivos de localização e fixação são componentes integrais de gabaritos e acessórios concebidos para posicionar e fixar com precisão as peças de trabalho durante as operações de maquinagem, montagem ou inspeção. Estes dispositivos asseguram um alinhamento preciso, estabilidade dimensional e repetibilidade das peças, minimizando assim os tempos de preparação, reduzindo as taxas de desperdício e melhorando a eficiência global do fabrico.

4.1.1. Pinos de localização: As cavilhas de localização, também conhecidas como cavilhas de localização ou localizadores, são cavilhas cilíndricas normalmente feitas de aço endurecido ou carboneto. São estrategicamente colocados em gabaritos e dispositivos para fornecer pontos de localização precisos para peças de trabalho, componentes de ferramentas ou subconjuntos. Os pinos de localização alinham as peças de trabalho em relação às superfícies de referência, orifícios ou características designadas na base do dispositivo ou na placa de ferramentas, facilitando o posicionamento exato da peça e a consistência dimensional durante os processos de maquinagem ou montagem.

4.1.2. Parafusos de fixação: Os parafusos de fixação são elementos de fixação roscados utilizados em gabaritos e dispositivos para fixar peças de trabalho ou inserções de ferramentas com alinhamento de precisão. Apresentam roscas de passo fino e pontas cónicas ou esféricas que encaixam em orifícios roscados correspondentes ou recessos dentro da base de fixação ou da plataforma de suporte de trabalho. Os parafusos de fixação permitem micro-ajustes no posicionamento da peça, asseguram um alinhamento ótimo das características da peça de trabalho e acomodam variações nas dimensões da peça de trabalho ou tolerâncias geométricas, mantendo a precisão dimensional e a repetibilidade nas operações de fabrico.

4.1.3. Grampos e mecanismos de fixação: Os grampos e os mecanismos de fixação são componentes essenciais utilizados em gabaritos e dispositivos para segurar e imobilizar com segurança peças de trabalho ou dispositivos de ferramentas durante tarefas de maquinagem, montagem ou inspeção. Exercem uma força mecânica através de sistemas de acionamento manuais, hidráulicos, pneumáticos ou automatizados para obter uma aderência firme, estabilidade posicional e amortecimento de vibrações. Os dispositivos de fixação incluem:

- **Grampos manuais: Os grampos** de alternância, grampos de parafuso ou grampos de alavanca operados manualmente permitem uma rápida configuração e libertação das peças de trabalho, oferecendo versatilidade nas configurações de fixação e flexibilidade operacional.

- **Abraçadeiras Hidráulicas e Pneumáticas:** Os sistemas de fixação hidráulicos utilizam fluido hidráulico pressurizado para exercer elevadas forças de fixação, garantindo uma fixação segura da peça de trabalho e uma distribuição uniforme da pressão pelas superfícies de contacto. Os mecanismos de fixação pneumática utilizam ar comprimido para acionar as maxilas ou cilindros de fixação, facilitando ciclos de fixação rápidos, tempos de configuração reduzidos e maior segurança do operador em ambientes de produção automatizados.

- **Sistemas de fixação automatizados:** Os sistemas de fixação automatizados integram actuadores electromecânicos, servomotores ou braços robóticos para automatizar as sequências de carga, fixação e descarga de peças de trabalho. Optimizam o rendimento, minimizam a intervenção manual e suportam operações de maquinação não tripuladas em linhas de produção de grande volume, fábricas de montagem automóvel e centros de maquinação CNC que requerem uma otimização contínua do processo e eficiência operacional.

4.2 Elementos de guia e de apoio

Os elementos de guia e de suporte em gabaritos e dispositivos fornecem reforço estrutural, controlo de movimento e estabilidade posicional para peças de trabalho, ferramentas de corte ou componentes de montagem durante operações de maquinação, alinhamento ou inspeção. Estes componentes facilitam o movimento suave, o posicionamento exato e a fiabilidade operacional em ambientes de fabrico, garantindo um desempenho ótimo e precisão dimensional.

4.2.1. Buchas e buchas-guia de perfuração: As buchas e os casquilhos de guia de perfuração são componentes cilíndricos inseridos em placas de gabarito, corpos de fixação ou inserções de ferramentas para guiar ferramentas de corte, brocas ou operações de maquinagem com alinhamento e concentricidade precisos. Minimizam a deflexão da ferramenta, mantêm a retidão axial e controlam as taxas de avanço da ferramenta durante os processos de perfuração, alargamento ou mandrilagem, melhorando a qualidade do furo, a precisão dimensional e a consistência do acabamento da superfície em aplicações de fabrico de metais, aeroespacial e automóvel.

4.2.2. Corrediças e guias de movimento linear: As corrediças e guias de movimento linear incorporam rolamentos lineares, corrediças ou calhas para facilitar o movimento suave e controlado e o ajustamento posicional de peças de trabalho ou de ferramentas dentro de gabaritos e dispositivos. Suportam o movimento linear ao longo dos eixos especificados, minimizam a resistência à fricção e asseguram a repetibilidade linear durante as operações de fresagem, torneamento ou montagem CNC. As corrediças e guias lineares aumentam a precisão da maquinagem, reduzem o desgaste dos componentes móveis e optimizam o desempenho dinâmico na engenharia de precisão, no fabrico de semicondutores e na integração de robótica que requerem capacidades de movimento linear de alta velocidade e alta precisão.

4.2.3. Rolamentos e casquilhos: Os rolamentos e casquilhos são componentes anti-fricção instalados em gabaritos e acessórios para suportar veios rotativos, fusos ou juntas articuladas, permitindo um movimento de rotação suave, suporte de carga radial e precisão de rotação durante a maquinagem, indexação rotativa ou tarefas de montagem. Reduzem as perdas por fricção, minimizam o desgaste das peças móveis e aumentam a fiabilidade operacional em mesas rotativas, dispositivos de indexação e sistemas de montagem automatizados que operam nos sectores aeroespacial, automóvel e de fabrico de dispositivos médicos que requerem um controlo rotacional preciso e uma precisão posicional.

4.2.4. Suportes e apoios de fixação: Os suportes e apoios de dispositivos fornecem superfícies de apoio estáveis e niveladas para peças de trabalho, componentes de ferramentas ou subconjuntos dentro de gabaritos e dispositivos durante a preparação, maquinação ou procedimentos de inspeção. Apresentam superfícies de contacto planas e paralelas, mecanismos de altura ajustável ou configurações de design modular para acomodar várias geometrias, tamanhos e orientações de peças de trabalho. Os suportes e apoios de fixação asseguram uma distribuição uniforme do peso, evitam a deformação da peça de trabalho e optimizam a acessibilidade para o acesso à ferramenta ou a interação do operador em sistemas de fixação modulares, estações de trabalho de linhas de montagem e centros de maquinagem multi-estações que requerem soluções versáteis de fixação de trabalho e conceção ergonómica do espaço de trabalho.

4.3 Mecanismos de acionamento

Os mecanismos de acionamento em gabaritos e dispositivos englobam sistemas hidráulicos, pneumáticos, mecânicos ou electromecânicos concebidos para conferir movimento controlado, transmissão de força ou ativação funcional a peças de trabalho, inserções de ferramentas ou componentes de montagem durante operações de maquinagem, fixação ou inspeção. Estes mecanismos permitem o posicionamento preciso de ferramentas, a manipulação de peças e a automatização operacional em ambientes de fabrico, melhorando a eficiência da produção, a garantia de qualidade e a fiabilidade do processo.

4.3.1. Actuadores hidráulicos: Os actuadores hidráulicos utilizam fluido hidráulico pressurizado para gerar movimento linear, rotativo ou recíproco dentro de gabaritos e dispositivos, facilitando a fixação, indexação de peças ou operações de posicionamento de ferramentas. Incorporam cilindros hidráulicos, actuadores de pistão ou motores hidráulicos para exercer saídas de força elevadas, controlo de movimento preciso e velocidades de atuação rápidas em aplicações de maquinagem pesada, processos de conformação de metais e sistemas de automação industrial que requerem uma transmissão de força robusta, capacidade de manuseamento de carga e fiabilidade operacional em condições de funcionamento extremas.

4.3.2. Actuadores pneumáticos: Os actuadores pneumáticos aproveitam a pressão do ar comprimido ou do gás para impulsionar o movimento linear, rotativo ou oscilante dentro de gabaritos e dispositivos, permitindo uma atuação de resposta rápida, um funcionamento eficiente em termos energéticos e um desempenho dinâmico na automação da linha de montagem, manuseamento de materiais e sistemas de fixação pneumática. Os actuadores pneumáticos incluem cilindros pneumáticos, actuadores rotativos ou pinças pneumáticas equipadas com válvulas pneumáticas, reguladores e sistemas de controlo para obter um controlo posicional preciso, manipulação de peças e flexibilidade operacional no fabrico de automóveis, maquinaria de embalagem e processos de fabrico de semicondutores que exigem tempos de ciclo rápidos, compatibilidade com salas limpas e funcionamento sem manutenção.

4.3.3. Actuadores mecânicos: Os actuadores mecânicos empregam ligações mecânicas, cames, engrenagens ou parafusos para traduzir o movimento de entrada rotacional ou linear em movimento controlado ou aplicação de força dentro de gabaritos e dispositivos, facilitando o encaixe da ferramenta, o posicionamento da peça de trabalho ou a indexação de peças em centros de maquinagem, estações de montagem e robótica industrial. Apresentam componentes maquinados com precisão, comprimentos de curso ajustáveis ou configurações multi-eixo para acomodar diversos perfis de movimento, requisitos de design ergonómico e restrições operacionais em aplicações de montagem aeroespacial, engenharia de precisão e fabrico de dispositivos médicos que exigem posicionamento de alta precisão, repetibilidade e ergonomia no local de trabalho.

4.3.4. Actuadores electromecânicos: Os actuadores electromecânicos integram motores eléctricos, actuadores lineares ou servo-accionamentos com ligações mecânicas ou mecanismos de fuso de esferas para fornecer um controlo de movimento preciso e programável e capacidades de transmissão de força em gabaritos e dispositivos. Permitem a geração automatizada de percursos de ferramentas, o posicionamento adaptativo de ferramentas e o controlo de feedback em tempo real em maquinagem CNC, montagem robótica e sistemas de inspeção automatizados que requerem sincronização de movimentos de alta precisão, resposta dinâmica e exatidão posicional para operações de maquinagem complexas, perfis de movimento multieixos e processos de fabrico adaptativos nas indústrias de fabrico avançado, aeroespacial e de semicondutores.

Capítulo 5: Construção e montagem

Os gabaritos e acessórios são ferramentas indispensáveis nas indústrias transformadoras, concebidas para aumentar a precisão, a repetibilidade e a eficiência nos processos de maquinagem, montagem e inspeção. A construção e montagem de gabaritos e acessórios envolvem uma combinação de processos de fabrico, técnicas de montagem e métodos de tratamento de superfícies adaptados para satisfazer requisitos de aplicação específicos, tolerâncias dimensionais e exigências operacionais. Este artigo abrangente explora os processos de fabrico de gabaritos e dispositivos, as técnicas de montagem e os métodos de tratamento e acabamento de superfícies utilizados para otimizar o seu desempenho e durabilidade em diversas aplicações industriais.

5.1 Processos de fabrico de gabaritos e acessórios

O fabrico de gabaritos e acessórios engloba vários processos concebidos para obter geometrias precisas, exatidão dimensional e integridade mecânica essenciais para suportar peças de trabalho, orientar ferramentas de corte e facilitar as operações de montagem. Os principais processos de fabrico de gabaritos e acessórios incluem:

5.1.1. Maquinação: A maquinagem é um processo fundamental para a produção de gabaritos e dispositivos de fixação a partir de materiais sólidos, tais como metais, ligas e plásticos de engenharia. As técnicas de maquinagem CNC (controlo numérico computorizado), incluindo a fresagem, o torneamento, a perfuração e a retificação, são utilizadas para moldar, perfilar e acabar as superfícies dos componentes com elevada precisão e tolerâncias apertadas. Os gabaritos e acessórios maquinados apresentam geometrias intrincadas, características de localização precisas e interfaces funcionais optimizadas para a fixação de peças, posicionamento de ferramentas e fiabilidade operacional em ambientes de fabrico que exigem uma precisão dimensional superior, tolerâncias geométricas e qualidade de acabamento superficial.

5.1.2. Fundição: Os processos de fundição, como a fundição em areia, a fundição por cera perdida e a fundição sob pressão, são utilizados para produzir gabaritos e acessórios com geometrias complexas, cavidades internas e pormenores intrincados que não são possíveis com os métodos de maquinagem tradicionais. As técnicas de fundição envolvem o derrame de metais ou ligas fundidas em moldes ou matrizes reutilizáveis para formar componentes solidificados, que são subsequentemente tratados termicamente, maquinados ou acabados para atingir as tolerâncias dimensionais, propriedades mecânicas e características de superfície desejadas. Os gabaritos e dispositivos de fundição oferecem vantagens de produção rentáveis, flexibilidade de conceção e escalabilidade para aplicações de fabrico de grandes volumes em ferramentas para automóveis, equipamento de fundição e dispositivos de metalurgia que requerem uma construção robusta, estabilidade térmica e resistência à corrosão em ambientes industriais exigentes.

5.1.3. Fabrico aditivo (AM): As tecnologias de fabrico aditivo, ou impressão 3D, como a sinterização selectiva por laser (SLS), a modelação por deposição fundida (FDM) e a estereolitografia (SLA), permitem a prototipagem e produção rápidas de gabaritos e acessórios a partir de polímeros, metais ou materiais compósitos, camada a camada, com base em modelos digitais CAD (desenho assistido por computador). Os processos de fabrico aditivo facilitam a personalização do design, as geometrias complexas e a otimização do percurso das ferramentas para a ergonomia do fabrico, a integração da linha de montagem e a eficiência operacional nas indústrias aeroespacial, automóvel e eletrónica de consumo. Os gabaritos e acessórios produzidos por AM apresentam um design leve, complexidade geométrica e versatilidade de materiais, oferecendo prazos de entrega reduzidos, flexibilidade de iteração de design e soluções de produção rentáveis para aplicações de fabrico de baixo volume e elevado valor que requerem prototipagem rápida, testes funcionais e personalização de ferramentas a pedido.

5.2 Técnicas de montagem de gabaritos e dispositivos

As técnicas de montagem desempenham um papel fundamental na integração de componentes, subsistemas e elementos auxiliares de gabaritos e acessórios para alcançar a integridade funcional, a estabilidade mecânica e o desempenho operacional necessários para operações de maquinagem, montagem ou inspeção. As técnicas de montagem comuns para gabaritos e acessórios incluem:

5.2.1. Soldadura: Os processos de soldadura, tais como a soldadura por arco de tungsténio gasoso (GTAW), a soldadura por arco de metal gasoso (GMAW) e a soldadura por pontos de resistência (RSW), são utilizados para unir componentes metálicos, estruturas e conjuntos modulares em gabaritos e dispositivos. As juntas soldadas proporcionam ligações de elevada resistência, distribuição uniforme da carga e rigidez estrutural para fixar bases de fixação, mecanismos de aperto e estruturas de suporte em ferramentas automóveis, células de soldadura robotizadas e aplicações de fabrico de equipamento pesado que requerem métodos de montagem robustos, integridade das juntas e garantia de qualidade da soldadura para suportar tensões operacionais, condições de carga dinâmica e ambientes de ciclos térmicos.

5.2.2. Aparafusamento e fixação: As técnicas de aparafusamento e fixação envolvem a fixação de componentes de gabaritos e dispositivos, placas de montagem ou inserções de ferramentas utilizando fixadores roscados, parafusos, porcas e anilhas. Os métodos de fixação mecânica permitem o posicionamento ajustável, a montagem modular e as configurações de ferramentas de mudança rápida em centros de maquinação CNC, estações de trabalho de linhas de montagem e sistemas de fabrico automatizados que requerem uma configuração rápida, permutabilidade de peças e flexibilidade operacional. As soluções de aparafusamento e fixação facilitam a manutenção, a reconfigurabilidade e a escalabilidade para se adaptarem a geometrias variáveis de peças, calendários de produção e requisitos de maquinação nos sectores aeroespacial, automóvel e de engenharia de precisão que exigem técnicas de montagem versáteis, versatilidade de ferramentas e adaptabilidade operacional para otimizar a eficiência da produção e a produtividade do fluxo de trabalho.

5.2.3. Colagem com adesivo: As técnicas de ligação adesiva utilizam adesivos estruturais, epóxis ou agentes de ligação acrílicos para aderir componentes de gabaritos e acessórios, materiais compósitos ou substratos diferentes com elevada força de ligação, resistência química e durabilidade ambiental. Os processos de ligação adesiva eliminam os fixadores mecânicos, reduzem o peso da montagem e minimizam as concentrações de tensão em dispositivos leves, ferramentas compostas e dispositivos de montagem aeroespacial que requerem juntas coladas, ligação composta e vedação adesiva para alcançar uma integridade de ligação fiável, resistência à fadiga e estabilidade térmica em aplicações de elevado desempenho. Os métodos de ligação adesiva melhoram a flexibilidade do design, a preparação da superfície de ligação e as técnicas de montagem de juntas para otimizar a resistência da ligação, os ciclos de cura da cola e a integração da montagem em processos avançados de fabrico, fabrico de compósitos e montagem automóvel que requerem soluções de ligação adesiva para obter um design leve, integridade estrutural e desempenho operacional em ambientes industriais exigentes.

5.3 Tratamento de superfície e acabamento

Os processos de tratamento de superfícies e de acabamento são essenciais para melhorar a resistência à corrosão, a resistência ao desgaste e o aspeto estético dos gabaritos e acessórios, melhorando simultaneamente o desempenho funcional, a durabilidade e a longevidade operacional em aplicações de fabrico. Os métodos de tratamento de superfícies incluem:

5.3.1. Revestimento de superfícies e chapeamento: As técnicas de revestimento e galvanização de superfícies, como a galvanoplastia, a anodização e o revestimento em pó, são utilizadas para aplicar revestimentos protectores, inibidores de corrosão ou acabamentos decorativos nas superfícies de gabaritos e acessórios. Os processos de galvanoplastia depositam revestimentos metálicos, tais como zinco, níquel ou crómio, nas superfícies dos componentes para melhorar a resistência ao desgaste, a estabilidade química e a dureza da superfície em metalurgia, ferramentas para automóveis e acessórios de galvanoplastia que requerem revestimentos duradouros, proteção contra a corrosão e acabamentos estéticos. Os tratamentos de anodização formam camadas de óxido em superfícies de ligas de alumínio para melhorar a resistência à abrasão, a dureza da superfície e o isolamento térmico em ferramentas aeroespaciais, fabrico de semicondutores e equipamentos arquitectónicos que requerem propriedades de superfície melhoradas, resistência ao desgaste e durabilidade ambiental em aplicações de elevado desempenho. As aplicações de revestimento em pó aplicam pós de polímeros termoendurecíveis electrostaticamente a componentes de fixação, curando sob calor para formar revestimentos duradouros e uniformes com aderência superior, resistência ao impacto e resistência às intempéries para acessórios automóveis, equipamento exterior e maquinaria industrial que requerem revestimentos protectores, personalização de cores e acabamentos decorativos em ambientes operacionais exigentes.

5.3.2. Retificação e polimento de superfícies: As operações de retificação e polimento de superfícies utilizam discos abrasivos, cintas abrasivas ou equipamento de polimento rotativo para remover imperfeições superficiais, refinar acabamentos de superfícies e obter tolerâncias dimensionais precisas em componentes de gabaritos e dispositivos. Os processos de retificação aplanam, alisam ou contornam superfícies maquinadas para cumprir requisitos de tolerância geométrica, melhorar a planicidade da superfície e melhorar o alinhamento de peças em retificação de precisão, maquinagem CNC e ferramentas aeroespaciais que requerem acabamentos de superfície de alta precisão, exatidão dimensional e controlo da rugosidade da superfície para obter uma qualidade superior das peças, desempenho mecânico e eficiência operacional em ambientes de fabrico de alta precisão. As técnicas de polimento utilizam compostos de polimento, almofadas abrasivas ou ferramentas de polimento rotativas para obter acabamentos de superfície espelhados, clareza ótica ou aspeto cosmético em acabamentos cosméticos, acessórios decorativos e produtos electrónicos de consumo que exijam superfícies esteticamente agradáveis, sensação tátil e diferenciação do produto em produtos de consumo, acessórios para automóveis e mercados de bens de luxo que exijam acabamentos de superfície superiores, durabilidade mecânica e estética da superfície para obter produtos de qualidade superior, apelo ao consumidor e reconhecimento da marca em segmentos de mercado competitivos.

5.3.3. Tratamento térmico e transformação térmica: O tratamento térmico e os métodos de processamento térmico, como o recozimento, a têmpera e o alívio de tensões, são empregues para modificar as propriedades do material, aumentar a resistência mecânica e melhorar a estabilidade dimensional em componentes de gabaritos e acessórios. Os processos de recozimento aquecem os componentes a temperaturas controladas e, em seguida, arrefecem-nos lentamente para refinar as estruturas do grão, aliviar as tensões internas e melhorar a ductilidade do material em ferramentas metalúrgicas, aeroespaciais e acessórios para automóveis que exijam propriedades mecânicas melhoradas, estabilidade dimensional e integridade do material para obter um desempenho ótimo, fiabilidade operacional e vida útil em aplicações de fabrico críticas. Os tratamentos de têmpera aquecem os componentes a temperaturas específicas e, em seguida, extinguem-nos rapidamente para atingir a dureza, tenacidade ou resistência ao desgaste pretendidas em aço para ferramentas, ligas de alta resistência e componentes estruturais que requerem propriedades mecânicas personalizadas, estabilidade metalúrgica e melhorias de desempenho para cumprir requisitos de aplicação rigorosos em engenharia de precisão, fabrico aeroespacial e ferramentas industriais que requerem materiais de elevado desempenho, propriedades de material optimizadas e durabilidade operacional em ambientes operacionais exigentes.

Capítulo 6: Aplicação de gabaritos e acessórios

Os gabaritos e acessórios desempenham um papel crucial no aumento da precisão, eficiência e repetibilidade num vasto espetro de operações de fabrico. Desde a maquinagem e soldadura até aos processos de inspeção e teste, estas ferramentas especializadas são indispensáveis para garantir uma qualidade e produtividade consistentes em ambientes industriais. Este artigo abrangente explora as diversas aplicações de gabaritos e dispositivos em operações de maquinagem (incluindo perfuração, fresagem e torneamento), processos de soldadura e montagem, bem como procedimentos de inspeção e teste. Compreender a forma como os gabaritos e acessórios optimizam cada uma destas operações fornece informações valiosas sobre a sua importância no fabrico moderno.

6.1 Operações de maquinagem: Perfuração, fresagem, torneamento

As operações de maquinagem, como a perfuração, a fresagem e o torneamento, são processos fundamentais no fabrico que dependem de gabaritos e acessórios para alcançar um posicionamento preciso, alinhamento e orientação da ferramenta. Os gabaritos e as fixações são essenciais nestas operações para fixar as peças de trabalho, as ferramentas e os instrumentos de corte, garantindo a precisão dimensional, a repetibilidade e a eficiência operacional.

6.1.1. Operações de perfuração:

Os gabaritos de perfuração são especificamente concebidos para guiar as brocas com precisão nas peças de trabalho, mantendo a perpendicularidade e a localização precisa do furo. Os principais componentes dos gabaritos de perfuração incluem:

- **Pinos e casquilhos de fixação:** Asseguram o posicionamento exato da peça de trabalho em relação à broca.
- **Mecanismos de fixação:** Mantêm a peça de trabalho no lugar durante a perfuração para evitar movimentos e garantir a precisão.
- **Placas de guia da broca:** Proporcionam uma plataforma estável para a broca, minimizando a vibração e assegurando uma perfuração a direito.

6.1.2. Operações de fresagem:

Os dispositivos de fixação da fresagem são utilizados em operações de fresagem para segurar e posicionar peças de trabalho durante os processos de corte, moldagem e acabamento. Facilitam:

- **Orientação da peça de trabalho:** Assegura o posicionamento correto para maquinação em várias faces.
- **Orientação da ferramenta:** Orienta as ferramentas de corte ao longo de trajectórias específicas para uma remoção precisa do material.
- **Fixação e indexação:** Permite a configuração rápida e a maquinação de várias peças com precisão consistente.

6.1.3. Operações de viragem:

Os dispositivos de torneamento são utilizados em operações de torno para fixar peças de trabalho cilíndricas para torneamento, faceamento e roscagem de precisão. Incluem:

- **Sistemas de mandris ou pinças:** Segurar firmemente as peças de trabalho para maquinação rotativa.
- **Cabeçote móvel ou apoios fixos:** Apoiar peças longas ou finas para minimizar a deflexão durante a maquinagem.
- **Guias e suportes de ferramentas:** Mantêm o alinhamento e a estabilidade da ferramenta para um corte e acabamento precisos.

6.2 Operações de soldadura e montagem

Nos processos de soldadura e montagem, os gabaritos e acessórios são indispensáveis para alinhar, segurar e posicionar componentes para obter soldaduras fortes e duradouras e configurações de montagem precisas.

6.2.1. Dispositivos de soldadura:

Os aparelhos de soldadura são concebidos para:

- **Posicionar os componentes:** Assegurar um alinhamento preciso para cordões de soldadura uniformes.
- **Proporcionar o acesso:** Facilitar posições de soldadura ergonómicas para os operadores.
- **Estabilidade do dispositivo de fixação:** Minimiza a distorção e mantém a geometria da peça durante a soldadura.

6.2.2. Dispositivos de montagem:

Os dispositivos de montagem ajudam:

- **Alinhamento dos componentes:** Assegurar que as peças se encaixam corretamente durante a montagem.
- **Controlo de sequência:** Guiar os operadores através de procedimentos de montagem passo a passo.
- **Garantia de qualidade:** Verificar a exatidão das dimensões e a integridade da montagem antes da conclusão do produto final.

6.3 Processos de inspeção e de ensaio

Os gabaritos e acessórios também desempenham um papel fundamental nos procedimentos de inspeção e ensaio, em que a precisão e a fiabilidade são primordiais para garantir a qualidade do produto e a conformidade com as especificações.

6.3.1. Dispositivos de inspeção:

Os dispositivos de inspeção são utilizados para:

- **Segurar e posicionar peças:** Facilitar a medição e inspeção precisas de dimensões críticas.
- **Conceção do dispositivo:** Incorpora pontos de referência e elementos de referência para uma inspeção precisa.
- **Aferição e metrologia:** Assegurar que os componentes cumprem as tolerâncias dimensionais e as normas de qualidade.

6.3.2. Dispositivos de ensaio:

As instalações de ensaio são utilizadas em:

- **Ensaios funcionais:** Validar o desempenho e a funcionalidade do produto em condições simuladas.
- **Ensaios de carga:** Avaliar a integridade estrutural e a durabilidade através da aplicação de cargas especificadas.
- **Testes ambientais:** Avaliar a resistência do produto à temperatura, humidade e outros factores ambientais.

Capítulo 7: Manutenção e calibração

Os gabaritos e acessórios são componentes críticos nas operações de fabrico, concebidos para aumentar a precisão, a eficiência e a repetibilidade. Para garantir um desempenho e longevidade óptimos, a manutenção regular e a calibração exacta são práticas essenciais. Este texto exaustivo explora a importância da manutenção regular, os procedimentos de calibração para obter precisão e a resolução de problemas comuns associados a gabaritos e dispositivos em ambientes industriais.

7.1 Importância da manutenção regular

A manutenção regular de gabaritos e dispositivos é crucial para manter a sua eficácia operacional, minimizar o tempo de inatividade e prolongar a sua vida útil. As actividades de manutenção englobam medidas preventivas e correctivas destinadas a preservar a funcionalidade, garantir a segurança e maximizar a produtividade em ambientes de fabrico.

7.1.1. Manutenção preventiva:

A manutenção preventiva envolve inspecções programadas, limpeza, lubrificação e pequenos ajustes realizados em intervalos regulares para evitar falhas no equipamento e otimizar o desempenho. Os principais aspectos da manutenção preventiva para gabaritos e acessórios incluem:

- **Rotinas de inspeção:** Inspecções visuais regulares para detetar desgaste, danos ou desalinhamento de componentes.
- **Programas de lubrificação:** Aplicação de lubrificantes adequados nas peças móveis para reduzir o atrito e evitar o desgaste prematuro.
- **Procedimentos de limpeza:** Remoção de detritos, limalhas ou contaminantes que possam afetar a precisão ou a funcionalidade.
- **Substituição de componentes:** Substituição proactiva de peças gastas ou danificadas antes de causarem interrupções operacionais.

A implementação de um programa de manutenção preventiva estruturado aumenta a fiabilidade do equipamento, reduz as avarias inesperadas e apoia uma produção consistente, assegurando que os gabaritos e os dispositivos permanecem em condições de funcionamento ideais.

7.1.2. Manutenção correctiva:

A manutenção correctiva trata de problemas ou falhas imprevistas que exigem atenção imediata para restabelecer a funcionalidade. Inclui:

- **Diagnóstico de avarias:** Identificação das causas profundas das avarias através da resolução de problemas e de procedimentos de diagnóstico.
- **Reparação e substituição:** Reparações atempadas ou substituição de componentes defeituosos para minimizar o tempo de inatividade e retomar as operações normais.
- **Ensaios funcionais:** Verificação dos componentes reparados ou substituídos para garantir a sua correcta funcionalidade antes de voltarem a entrar em serviço.

As acções de manutenção correctiva imediatas atenuam os atrasos na produção, mantêm a continuidade do processo e defendem os padrões de qualidade, salvaguardando assim a eficiência operacional e minimizando a potencial perda de receitas devido ao tempo de inatividade do equipamento.

7.2 Procedimentos de calibração da exatidão

A calibração de gabaritos e dispositivos é essencial para manter a exatidão, a consistência e a conformidade com as especificações dimensionais e as normas de qualidade. Os procedimentos de calibração envolvem a verificação e o ajuste das definições do equipamento, ferramentas e sistemas de medição para garantir um desempenho fiável e um alinhamento preciso nos processos de fabrico.

7.2.1. Normas e requisitos de calibração:

O estabelecimento de normas e requisitos de calibração envolve:

*   **Instrumentos e padrões de referência:** Seleção de instrumentos de referência calibrados e de calibres rastreáveis a normas nacionais ou internacionais.

*   **Protocolos de medição:** Procedimentos definidos para efetuar verificações de calibração, incluindo pontos de medição, limites de tolerância e critérios de aceitação.

*   **Documentação e registos:** Manutenção de registos de calibração que documentam os procedimentos, resultados e estado do equipamento para efeitos de conformidade e auditoria.

A adesão a práticas de calibração normalizadas assegura a consistência das dimensões das peças, a precisão das operações de maquinagem e a conformidade com as especificações do cliente, melhorando assim a qualidade do produto e a conformidade regulamentar nas operações de fabrico.

7.2.2. Procedimentos de calibração:

Os procedimentos de calibração incluem normalmente:

*   **Configuração e preparação:** Assegurar que os gabaritos e os dispositivos estão limpos, corretamente alinhados e isentos de contaminantes antes da calibração.

*   **Verificação das medições:** Realização de controlos dimensionais utilizando instrumentos calibrados para verificar a exatidão e a repetibilidade.

*   **Ajuste e afinação:** Efetuar os ajustes necessários aos gabaritos, acessórios ou ferramentas com base nos resultados da calibração para atingir os critérios de desempenho desejados.

*   **Verificação e validação:** Realização de controlos pós-calibração para confirmar a conformidade com as tolerâncias especificadas e os requisitos de funcionalidade.

A calibração de rotina de gabaritos e dispositivos minimiza os erros de medição, melhora o controlo do processo e apoia a qualidade consistente do produto, factores críticos para alcançar a excelência operacional e a satisfação do cliente nas indústrias transformadoras.

7.3 Resolução de problemas comuns

A resolução de problemas comuns associados a gabaritos e dispositivos envolve técnicas sistemáticas de resolução de problemas para identificar as causas principais e implementar acções correctivas de forma eficaz. Os problemas comuns e as estratégias de resolução de problemas incluem:

7.3.1. Desalinhamento ou deformação do dispositivo de fixação:

- **Problema:** Posicionamento incorreto da peça ou imprecisões dimensionais devido ao desalinhamento ou deflexão da fixação.
- **Resolução de problemas:** Inspeção dos componentes de fixação quanto a desgaste, danos ou montagem incorrecta. Realinhamento ou reforço de dispositivos de fixação para manter a estabilidade dimensional e a precisão.

7.3.2. Desgaste e fadiga dos componentes:

- **Questão:** Desgaste prematuro ou fadiga dos mecanismos de fixação, elementos de guia ou dispositivos de localização que afectam a retenção e o posicionamento das peças.
- **Resolução de problemas:** Substituição de componentes desgastados por materiais novos ou actualizados. Lubrificação ou manutenção de peças móveis para reduzir o atrito e prolongar a vida útil.

7.3.3. Inconsistências operacionais:

- **Problema:** Variações nas dimensões das peças ou nos resultados da maquinação devido a um desempenho ou configuração inconsistente da fixação.
- **Resolução de problemas:** Revisão dos procedimentos de configuração de dispositivos e configurações de ferramentas. Padronização de protocolos de configuração e implementação de programas de formação para operadores para garantir a aplicação consistente de gabaritos e dispositivos.

7.3.4. Factores ambientais e contaminantes:

- **Questão:** Impacto das variações de temperatura, humidade ou contaminantes no desempenho da fixação e na estabilidade dimensional.

- **Resolução de problemas:** Monitorização das condições ambientais em ambientes de fabrico. Implementação de medidas de proteção, tais como controlo climático ou revestimentos de proteção, para mitigar os efeitos adversos nos gabaritos e acessórios.

7.3.5. Preocupações de segurança e ergonómicas:

- **Questão:** Riscos profissionais ou desafios ergonómicos associados ao manuseamento, configuração ou actividades de manutenção de dispositivos.
- **Resolução de problemas:** Realização de auditorias de segurança e avaliações ergonómicas. Implementação de princípios de conceção ergonómica, ferramentas ergonómicas ou modificações no posto de trabalho para aumentar a segurança e o conforto do operador.

Capítulo 8: Automação e robótica

A automação e a robótica revolucionaram o fabrico moderno, melhorando a eficiência, a precisão e a escalabilidade em várias indústrias. Este artigo abrangente explora a integração de gabaritos e acessórios com sistemas automatizados, o papel da robótica no manuseamento e posicionamento e as aplicações da Indústria 4.0 e os princípios de fabrico inteligente para impulsionar a inovação e a produtividade.

8.1 Integração de gabaritos e dispositivos com sistemas automatizados

Os gabaritos e acessórios desempenham um papel fundamental nos sistemas de fabrico automatizados, fornecendo posicionamento, alinhamento e suporte precisos para peças de trabalho e ferramentas. A integração de gabaritos e dispositivos com sistemas automatizados optimiza os fluxos de trabalho de produção, melhora a qualidade das peças e facilita o funcionamento contínuo em diversas aplicações de fabrico.

8.1.1. Precisão e exatidão:

Os sistemas automatizados dependem de gabaritos e dispositivos para assegurar a colocação e o alinhamento consistentes das peças durante os processos de maquinação, montagem e inspeção. Os dispositivos de precisão melhoram a repetibilidade das operações, minimizando os erros e optimizando a produção.

8.1.2. Flexibilidade e adaptabilidade:

Os gabaritos e acessórios avançados são concebidos para acomodar geometrias de peças variáveis e requisitos de produção em ambientes de fabrico automatizados. Os designs modulares dos dispositivos permitem uma reconfiguração rápida para suportar diversas linhas de produtos e tarefas de fabrico, aumentando a flexibilidade operacional.

8.1.3. Otimização do fluxo de trabalho:

A integração de gabaritos e dispositivos com sistemas automatizados simplifica os fluxos de trabalho de produção, reduzindo os tempos de configuração e aumentando o rendimento. O manuseamento e posicionamento automatizados de peças de trabalho melhoram a eficiência operacional, maximizam a utilização do equipamento e apoiam os princípios de fabrico just-in-time.

8.1.4. Garantia de qualidade:

Os gabaritos e dispositivos incorporados nos sistemas de inspeção automatizados garantem uma verificação dimensional precisa e um controlo de qualidade. Os procedimentos automatizados de medição e teste facilitados por dispositivos de fixação melhoram a consistência do produto e a conformidade com normas de qualidade rigorosas.

8.2 Papel da robótica no manuseamento e posicionamento

As tecnologias robóticas revolucionaram o fabrico, automatizando tarefas repetitivas, melhorando a precisão e permitindo operações complexas no manuseamento e posicionamento de componentes. O papel da robótica, juntamente com os gabaritos e acessórios, transforma as capacidades de fabrico, impulsionando a eficiência e a inovação.

8.2.1. Tratamento automatizado:

Os braços robóticos equipados com dispositivos terminais interagem com gabaritos e acessórios para executar tarefas como carregar, descarregar e transferir peças de trabalho entre estações de fabrico. Os robôs colaborativos (cobots) trabalham em conjunto com operadores humanos para otimizar as operações de manuseamento de materiais de forma segura e eficiente.

8.2.2. Posicionamento de precisão:

Os sistemas de robótica integram-se com gabaritos e dispositivos para obter um posicionamento e alinhamento precisos das peças durante os processos de maquinagem, soldadura e montagem. Os robôs guiados por visão utilizam sensores e câmaras para detetar a localização das peças e adaptar os percursos das ferramentas, garantindo um funcionamento preciso e minimizando os desperdícios.

8.2.3. Versatilidade e escalabilidade:

Os sistemas robóticos oferecem versatilidade no manuseamento de uma vasta gama de tamanhos, formas e materiais de peças, adaptando-se à evolução das exigências de produção e dos requisitos de personalização. As soluções robóticas escaláveis suportam a expansão da capacidade incremental e a escalabilidade operacional em ambientes de fabrico dinâmicos.

8.2.4. Fluxos de trabalho colaborativos:

A robótica colaborativa facilita os fluxos de trabalho interactivos em que os robôs colaboram com operadores humanos e interagem com gabaritos e dispositivos para executar tarefas complexas. As características de segurança, como a deteção de força e a prevenção de colisões, permitem uma colaboração segura entre homem e robô, optimizando simultaneamente a eficiência da produção.

8.3 Indústria 4.0 e aplicações de fabrico inteligente

A Indústria 4.0, caracterizada pela convergência de tecnologias digitais e automação, impulsiona a adoção de práticas de fabrico inteligentes que transformam os paradigmas de fabrico tradicionais. A aplicação dos princípios da Indústria 4.0 em conjunto com gabaritos, acessórios e robótica acelera a inovação, a agilidade e a competitividade nos sectores de fabrico globais.

8.3.1. Insights baseados em dados:

Jigs, acessórios e sistemas robóticos equipados com sensores e conetividade IoT (Internet das Coisas) recolhem dados em tempo real sobre métricas de produção, indicadores de desempenho e parâmetros de qualidade. A análise de dados e os algoritmos de manutenção preditiva optimizam a utilização do equipamento e melhoram os processos de tomada de decisões.

8.3.2. Fabrico autónomo:

Os ambientes de fabrico inteligentes utilizam robôs autónomos e sistemas automatizados integrados com dispositivos inteligentes para funcionar de forma autónoma, optimizando a programação da produção, a atribuição de recursos e a orquestração do fluxo de trabalho. Os sistemas autónomos aumentam a eficiência operacional e a capacidade de resposta às exigências do mercado.

8.3.3. Tecnologia de gémeos digitais:

Os gémeos digitais de gabaritos, dispositivos e sistemas robóticos criam réplicas virtuais que simulam operações em tempo real e cenários de desempenho. As simulações de gémeos digitais permitem a modelação preditiva, a otimização de processos e a análise de cenários, melhorando os ciclos de desenvolvimento de produtos e reduzindo o tempo de colocação no mercado.

8.3.4. Sistemas ciber-físicos (CPS):

A integração de sistemas ciber-físicos melhora a conetividade e a interoperabilidade de gabaritos, dispositivos e plataformas robóticas em ecossistemas de fabrico inteligentes. Os ambientes de fabrico com CPS sincronizam os processos físicos com fluxos de dados digitais, facilitando o controlo em tempo real, a monitorização e as estratégias de fabrico adaptativas.

Capítulo 9: Considerações económicas

Os gabaritos e acessórios desempenham um papel fundamental no fabrico moderno, aumentando a produtividade, melhorando a qualidade e reduzindo os custos de produção. Este artigo abrangente aprofunda as considerações económicas associadas aos gabaritos e acessórios, incluindo análise de custos, cálculos de retorno do investimento (ROI) e estudos de casos ilustrativos. Compreender o impacto económico dos gabaritos e acessórios fornece informações valiosas sobre a sua importância estratégica e benefícios financeiros em ambientes industriais.

9.1 Análise de custos: Investimento inicial vs. poupança na produção

A análise de custos de gabaritos e acessórios envolve a avaliação do investimento inicial necessário para conceber, fabricar e implementar estas ferramentas especializadas em relação às potenciais poupanças e benefícios obtidos nos processos de produção. Os principais aspectos da análise de custos incluem:

9.1.1. Investimento inicial:

- **Custos de design e engenharia:** Investimento em experiência de design, recursos de engenharia e ferramentas de software para desenvolver gabaritos e acessórios personalizados adaptados a requisitos de fabrico específicos.
- **Custos de material e fabrico:** Aquisição de materiais de alta qualidade e processos de fabrico, incluindo maquinagem, soldadura e montagem, para fabricar gabaritos e acessórios robustos e precisos.
- **Custos de implementação e integração:** Despesas de instalação, configuração e integração associadas à implementação de gabaritos e acessórios nos fluxos de trabalho de fabrico, incluindo a formação de pessoal e a modificação das linhas de produção, se necessário.

9.1.2. Poupança na produção:

- **Eficiência laboral:** Redução dos tempos de preparação, dos tempos de ciclo e do manuseamento manual através de processos automatizados ou semi-

automatizados facilitados por gabaritos e dispositivos, optimizando a utilização
da mão de obra e a produtividade.

- **Melhoria da qualidade:** Maior precisão dimensional, repetibilidade e
  consistência nas operações de fabrico, minimizando as taxas de retrabalho, sucata
  e defeitos, melhorando assim a qualidade geral do produto.
- **Custos operacionais:** Menor consumo de energia, menor desgaste da ferramenta
  e maior vida útil do equipamento, atribuídos a fluxos de trabalho simplificados e
  condições de maquinação optimizadas facilitadas por gabaritos e acessórios.
- **Gestão de inventário:** Capacidades de produção just-in-time possibilitadas por
  tempos de resposta mais rápidos e níveis reduzidos de inventário de trabalho em
  curso (WIP), optimizando a rotação do inventário e a eficiência do capital de
  exploração.

9.2 Retorno do investimento (ROI) para gabaritos e acessórios

O cálculo do ROI para gabaritos e acessórios envolve a quantificação dos benefícios
financeiros obtidos com a sua implementação relativamente ao investimento inicial. A
análise do ROI considera os retornos tangíveis e intangíveis associados à melhoria da
eficiência operacional, ao aumento da qualidade do produto e à redução dos custos de
produção.

9.2.1. Rendimentos tangíveis:

- **Poupança de custos:** Reduções de custos directos em mão de obra, desperdício
  de material e despesas operacionais atribuíveis a uma maior eficiência de
  produção e garantia de qualidade facilitada por gabaritos e acessórios.
- **Geração de receitas:** Aumento da capacidade de produção, aceleração do tempo
  de colocação no mercado e expansão das capacidades de produção, permitindo
  maiores volumes de vendas e oportunidades de geração de receitas.
- **Utilização de activos:** Utilização optimizada dos equipamentos e recursos de
  produção, maximizando o retorno dos investimentos de capital e a eficiência dos
  activos.

9.2.2. Retornos intangíveis:

- **Melhoria da qualidade:** Melhoria da reputação da marca, satisfação do cliente e competitividade no mercado resultante de produtos de alta qualidade fabricados com precisão utilizando gabaritos e acessórios.
- **Mitigação de riscos:** Riscos operacionais reduzidos, reclamações de garantia e recolhas de produtos associados a defeitos de fabrico ou problemas de não conformidade mitigados por processos robustos orientados para a fixação.

9.3 Estudos de caso e exemplos

Estudos de casos e exemplos ilustrativos demonstram a aplicação prática e os benefícios económicos dos gabaritos e acessórios em diversos sectores da indústria transformadora, destacando resultados de ROI bem sucedidos e vantagens estratégicas.

9.3.1. Indústria automóvel:

- **Estudo de caso:** A implementação de dispositivos de soldadura modulares em linhas de montagem de carroçarias de automóveis reduziu os tempos de ciclo em 20%, diminuiu as taxas de refugo em 15% e obteve um retorno do investimento em 12 meses através da melhoria da qualidade da soldadura e da eficiência da produção.

9.3.2. Sector aeroespacial:

- **Estudo de caso:** A integração de gabaritos de maquinação de precisão no fabrico de componentes aeroespaciais reduziu os tempos de preparação em 30%, aumentou a precisão da maquinação em 25% e obteve um retorno do investimento em 18 meses através da melhoria da qualidade das peças e da escalabilidade operacional.

9.3.3. Fabrico de produtos electrónicos de consumo:

- **Estudo de caso:** A adoção de dispositivos de montagem automatizados nos processos de montagem de produtos electrónicos de consumo melhorou o rendimento em 40%, diminuiu as taxas de defeitos em 50% e obteve um retorno do investimento em 24 meses através de fluxos de trabalho de produção simplificados e de uma aceleração do tempo de colocação no mercado.

Capítulo 10: Inovações e tendências futuras

A evolução dos gabaritos e acessórios no fabrico continua a ser impulsionada por tecnologias emergentes, considerações de sustentabilidade e inovações viradas para o futuro. Este artigo abrangente explora o impacto das tecnologias emergentes, como a impressão 3D e os gémeos digitais, a integração de princípios de sustentabilidade na conceção de gabaritos e acessórios e as previsões para o futuro destas ferramentas essenciais na modelação do panorama do fabrico.

10.1 Tecnologias emergentes: Impressão 3D e gémeos digitais

10.1.1. Impressão 3D (fabrico aditivo):

A impressão 3D revolucionou o design e o fabrico de gabaritos e acessórios, permitindo a criação rápida de protótipos, a personalização e geometrias complexas que os métodos de fabrico tradicionais têm dificuldade em alcançar. Os principais avanços e aplicações incluem:

- **Flexibilidade de design:** A impressão 3D permite a criação de geometrias complexas e estruturas leves optimizadas para tarefas de fabrico específicas, reduzindo o desperdício de material e melhorando a funcionalidade.
- **Personalização:** Adaptação de gabaritos e acessórios a geometrias de peças únicas e requisitos de produção com tempos de espera mínimos, apoiando práticas de fabrico ágeis e acelerando o tempo de colocação no mercado.
- **Produção a pedido:** O fabrico aditivo permite a produção descentralizada de gabaritos e acessórios no local ou perto do ponto de utilização, reduzindo os custos de logística e melhorando a eficiência operacional.

10.1.2. Gémeos digitais:

Os gémeos digitais criam réplicas virtuais de dispositivos físicos, integrando dados e simulações em tempo real para otimizar o desempenho, prever necessidades de manutenção e melhorar a perceção operacional. As principais aplicações incluem:

- **Otimização do desempenho:** Simulação de cenários operacionais e análise de fluxos de dados de gémeos digitais para otimizar os designs de gabaritos e acessórios, prever resultados de desempenho e aperfeiçoar os processos de fabrico.

- **Manutenção Preditiva:** Monitorização de métricas de desgaste e desempenho através de gémeos digitais para programar intervenções de manutenção proactivas, minimizando o tempo de inatividade e prolongando a vida útil do equipamento.

- **Simulação de processos:** Utilização de gémeos digitais para simular fluxos de trabalho de produção, avaliar factores ergonómicos e otimizar a atribuição de recursos para aumentar a eficiência e a produtividade.

10.2 Sustentabilidade na conceção de gabaritos e dispositivos

A incorporação de princípios de sustentabilidade na conceção de gabaritos e dispositivos envolve a minimização do impacto ambiental, a otimização da utilização de recursos e a promoção de práticas de economia circular ao longo do ciclo de vida do produto. As principais considerações incluem:

10.2.1. Seleção de materiais e análise do ciclo de vida:

- **Impacto ambiental:** Escolher materiais amigos do ambiente, como plásticos reciclados ou compósitos de base biológica, para componentes de gabaritos e dispositivos para reduzir a pegada de carbono e promover práticas de fabrico sustentáveis.

- **Avaliação do ciclo de vida:** Realização de avaliações abrangentes do ciclo de vida para avaliar os impactos ambientais, o consumo de energia e o esgotamento de recursos associados à produção, utilização e eliminação de gabaritos e acessórios.

10.2.2. Conceção para reutilização e reciclagem:

- **Conceção modular:** Conceção de dispositivos modulares que facilitam a permutabilidade e reconfiguração de componentes para diferentes processos de fabrico e variantes de produtos, aumentando a vida útil do produto e reduzindo o desperdício.

- **Programas de reciclagem:** Implementação de programas de reciclagem de fim de vida para recuperar materiais de gabaritos e acessórios retirados, promovendo a reciclagem em circuito fechado e a conservação de recursos nas operações de fabrico.

10.2.3. Eficiência energética e sustentabilidade operacional:

- **Designs com eficiência energética:** Incorporação de componentes energeticamente eficientes, tais como actuadores e sensores de baixo consumo, em sistemas de gabaritos e dispositivos para minimizar o consumo de energia e os custos operacionais.
- **Práticas sustentáveis:** Adotar princípios de fabrico simples, otimizar os fluxos de trabalho de produção e reduzir os resíduos do processo para melhorar a sustentabilidade operacional e atingir os objectivos de gestão ambiental.

10.3 Previsões para o futuro dos gabaritos e acessórios no fabrico

Olhando para o futuro, várias tendências e avanços estão preparados para moldar o futuro dos gabaritos e acessórios no fabrico, impulsionando a inovação, a eficiência e a competitividade em diversas indústrias.

10.3.1. Integração melhorada com a IA e a robótica:

- **Sistemas autónomos:** Integração de robótica orientada por IA e sistemas automatizados com dispositivos inteligentes para melhorar a autonomia operacional, a produtividade e as capacidades de fabrico adaptativo.
- **Aprendizagem automática:** Aproveitamento de algoritmos de aprendizagem automática para analisar dados de gabaritos e acessórios, otimizar processos de fabrico e prever resultados de desempenho para melhoria contínua.

10.3.2. Aplicações de Realidade Aumentada (RA) e de Realidade Virtual (RV):

- **Instruções de trabalho digitais:** Utilização de tecnologias de AR e VR para fornecer instruções de trabalho imersivas e interactivas e simulações de formação para montagem, manutenção e resolução de problemas de gabaritos e dispositivos.
- **Ambientes de trabalho colaborativos:** Facilitar a colaboração remota e a tomada de decisões em tempo real entre equipas globais através de visualizações de operações de gabarito e fixação e de métricas de desempenho.

10.3.3. Conectividade IoT e integração da Indústria 4.0:

- **Fabrico inteligente:** Aproveitar os sensores e a conetividade da IoT para criar ecossistemas interligados de gabaritos, acessórios e equipamento de fabrico, permitindo a monitorização em tempo real, a análise de dados e a manutenção preditiva.
- **Sistemas ciber-físicos:** Desenvolvimento de sistemas ciber-físicos que sincronizam operações físicas com fluxos de dados digitais, optimizando a eficiência da produção e apoiando estratégias de fabrico ágeis e reactivas.

Capítulo 11: Segurança e Ergonomia

A segurança e a ergonomia são considerações fundamentais na conceção, implementação e utilização de gabaritos e acessórios em ambientes de fabrico. Este artigo abrangente explora os princípios de conceção para a segurança do operador, considerações ergonómicas na utilização de gabaritos e acessórios e conformidade com os regulamentos de saúde e segurança no trabalho. Compreender e dar prioridade aos factores ergonómicos e de segurança não só protege o pessoal, como também aumenta a produtividade, a eficiência e o bem-estar geral no local de trabalho.

11.1 Conceção para a segurança do operador

A conceção de gabaritos e dispositivos tendo como principal preocupação a segurança do operador implica a implementação de controlos de engenharia, princípios ergonómicos e características de segurança para reduzir os riscos e perigos associados aos processos de fabrico.

11.1.1. Avaliação dos riscos e identificação dos perigos:

- **Análise do risco de trabalho (JHA):** Realização de avaliações de risco minuciosas para identificar potenciais perigos, tais como arestas vivas, pontos de aperto e factores de stress ergonómico, associados a operações de gabarito e fixação.
- **Segurança desde a conceção:** Integrar características de segurança, tais como protecções, encravamentos e paragens de emergência, na conceção de gabaritos e acessórios para evitar acidentes e garantir um funcionamento seguro.

11.1.2. Princípios de conceção ergonómica:

- **Engenharia de factores humanos:** Aplicação de princípios ergonómicos para otimizar a interação entre os operadores e os dispositivos, reduzindo as perturbações músculo-esqueléticas (MSD), as lesões por esforços repetitivos (RSI) e a fadiga.

- **Conceção de postos de trabalho:** Conceção de postos de trabalho ergonómicos com alturas ajustáveis, iluminação adequada e ferramentas ergonómicas para melhorar o conforto, a postura e a produtividade do operador durante a utilização de gabaritos e dispositivos.

11.1.3. Manuseamento e elevação de materiais:

- **Orientações para a movimentação manual de cargas:** Fornecer meios auxiliares de elevação ergonómicos, tais como dispositivos de auxílio à elevação e ferramentas de manuseamento ergonómico, para reduzir as lesões e as tensões associadas à manipulação de peças de trabalho pesadas ou com formas difíceis.
- **Capacidade de carga e estabilidade:** Assegurar que os gabaritos e acessórios são concebidos para suportar as cargas previstas e manter a estabilidade durante o funcionamento para evitar a inclinação, o tombamento ou falhas estruturais que possam representar riscos de segurança.

11.1.4. Formação e sensibilização:

- **Programas de treinamento de operadores:** Implementação de programas de formação abrangentes para educar os operadores sobre práticas de manuseamento seguras, procedimentos de operação de equipamento e protocolos de resposta a emergências específicos para gabaritos e acessórios.
- **Cultura de sensibilização para a segurança:** Fomentar uma cultura de segurança no local de trabalho que promova a comunicação de perigos, inspecções de segurança proactivas e iniciativas de melhoria contínua para reduzir os riscos e aumentar a sensibilização do pessoal para a segurança.

11.2 Considerações ergonómicas sobre a utilização de gabaritos e dispositivos

As considerações ergonómicas na utilização de gabaritos e dispositivos centram-se na otimização dos processos de trabalho, na minimização do esforço físico e no aumento do conforto do operador para promover a saúde e o bem-estar a longo prazo em ambientes de fabrico.

11.2.1. Disposição e acessibilidade do espaço de trabalho:

- **Zonas de alcance e acessibilidade:** Conceber gabaritos e acessórios para facilitar o acesso a controlos, ferramentas e peças de trabalho dentro de zonas de alcance ergonómico para minimizar o alcance, a flexão e as posturas incómodas.

- **Espaço livre e manobrabilidade:** Assegurar espaço livre adequado no espaço de trabalho e espaço de manobra em torno de gabaritos e acessórios para acomodar movimentos ergonómicos, ajustes de ferramentas e tarefas de manuseamento de materiais sem obstrução.

11.2.2. Posicionamento da ferramenta e da peça de trabalho:

- **Ergonomia das ferramentas:** Seleção de ferramentas manuais ergonómicas, dispositivos ajustáveis e acessórios de ferramentas que reduzam a força de preensão, a exposição a vibrações e os movimentos repetitivos durante as tarefas de montagem, maquinagem ou inspeção.

- **Suporte e alinhamento da peça de trabalho:** Utilização de suportes ergonómicos, acessórios ajustáveis e auxiliares de alinhamento para manter o posicionamento, estabilidade e orientação adequados da peça de trabalho durante as operações de gabarito e fixação para minimizar o esforço do operador.

11.2.3. Controlos e interfaces ergonómicos:

- **Conceção de painéis de controlo:** Conceção de painéis de controlo intuitivos com disposição ergonómica, feedback tátil e controlos ergonómicos para facilitar o funcionamento seguro e eficiente de gabaritos e dispositivos, reduzindo o erro e a fadiga do operador.

- **Interface Homem-Máquina (HMI):** Integração de HMIs de fácil utilização, interfaces de ecrã tátil e ecrãs digitais que melhoram a visibilidade do operador, a usabilidade e as capacidades de tomada de decisão durante a configuração e operação de gabaritos e dispositivos.

11.2.4. Factores ambientais:

- **Ergonomia no local de trabalho:** Gestão de factores ambientais, tais como níveis de ruído, ventilação e condições de iluminação, para criar um ambiente de trabalho confortável e seguro que apoie um desempenho ótimo e reduza os factores de stress ergonómico.

11.3 Conformidade com os regulamentos relativos à saúde e segurança no trabalho

A adesão aos regulamentos de saúde e segurança no trabalho assegura que os gabaritos e acessórios cumprem as normas legais, as directrizes da indústria e as melhores práticas para proteger o pessoal dos riscos no local de trabalho e promover a saúde no trabalho.

11.3.1. Conformidade regulamentar:

- **Regulamentos OSHA:** Cumprir os regulamentos, normas e directrizes da Occupational Safety and Health Administration (OSHA) relativos à proteção de máquinas, ergonomia, manuseamento de materiais perigosos e práticas de segurança no local de trabalho aplicáveis a gabaritos e acessórios.
- **Normas internacionais:** Cumprimento de normas internacionais, tais como a ISO 12100 (Segurança de máquinas), ISO 13857 (Distâncias de segurança para evitar zonas de perigo) e ISO 9241 (Princípios de conceção ergonómica), para garantir que os gabaritos e dispositivos cumprem os requisitos globais de segurança e ergonomia.

11.3.2. Estratégias de mitigação de riscos:

- **Avaliações de segurança:** Realização de avaliações de segurança periódicas, avaliações de risco e auditorias de segurança de gabaritos e acessórios para identificar potenciais perigos, implementar acções correctivas e melhorar continuamente o desempenho de segurança.
- **Preparação para emergências:** Estabelecimento de planos de resposta a emergências, procedimentos de evacuação e protocolos de comunicação de incidentes para abordar prontamente incidentes de segurança, lesões ou acidentes que envolvam gabaritos e acessórios no local de trabalho.

11.3.3. Formação e certificação:

- **Programas de formação em segurança:** Fornecer formação de segurança contínua, cursos de certificação e programas de atualização para operadores, supervisores e pessoal de manutenção para aumentar a sensibilização, competência e conformidade com os protocolos de segurança relacionados com gabaritos e acessórios.

- **Documentação de Certificação e Conformidade:** Manutenção da documentação de certificações de segurança, inspecções de equipamento, registos de manutenção e documentação de conformidade para demonstrar a conformidade regulamentar e a devida diligência na gestão da segurança.

Capítulo 12: Estudos de caso e exemplos

Os gabaritos e acessórios desempenham um papel crucial no aumento da eficiência, precisão e qualidade do fabrico em diversas indústrias. Este artigo abrangente explora aplicações do mundo real, histórias de sucesso, lições aprendidas e conhecimentos práticos de especialistas da indústria relativamente à utilização de gabaritos e acessórios em diferentes sectores.

Os gabaritos e acessórios são ferramentas indispensáveis no fabrico, concebidos para melhorar os processos de produção, fornecendo orientação, apoio e alinhamento precisos para as peças de trabalho durante as operações de maquinagem, montagem e inspeção. A sua aplicação abrange uma vasta gama de indústrias, cada uma delas tirando partido destas ferramentas para atingir objectivos operacionais específicos, aumentar a produtividade e manter uma qualidade de produto consistente. Este artigo examina casos de estudo e exemplos notáveis que realçam a eficácia dos gabaritos e acessórios em vários contextos industriais, oferecendo informações valiosas sobre as suas aplicações práticas, factores de sucesso e lições aprendidas.

12.1 Aplicações reais em vários sectores

12.1.1. Indústria automóvel

Estudo de caso: Montagem de carroçaria automóvel

No sector automóvel, os gabaritos e dispositivos são amplamente utilizados para a montagem de painéis de carroçaria, soldadura e processos de verificação dimensional. Um exemplo proeminente envolve a aplicação de dispositivos modulares de soldadura numa fábrica de montagem automóvel. Estes dispositivos foram concebidos para garantir o alinhamento e a fixação precisos dos painéis da carroçaria durante as operações de soldadura robotizada. Ao normalizar os processos de montagem e reduzir os tempos de preparação, o fabricante conseguiu melhorias significativas na eficiência da produção e na qualidade da soldadura. As lições aprendidas incluem a importância do design modular para a escalabilidade e flexibilidade na acomodação de diversos modelos e configurações de veículos.

12.1.2. Sector aeroespacial

Estudo de caso: Maquinação de precisão

No fabrico aeroespacial, os gabaritos e acessórios são essenciais para a maquinação de componentes complexos com tolerâncias apertadas e requisitos de qualidade rigorosos. Por exemplo, um estudo de caso centra-se na utilização de dispositivos de maquinagem multieixos na produção de componentes de motores de aeronaves. Estes dispositivos são concebidos para segurar e posicionar com segurança as pás da turbina e as peças estruturais durante os processos de maquinação CNC. Ao integrar sistemas avançados de metrologia e de controlo de feedback, os fabricantes podem alcançar uma elevada precisão e repetibilidade, garantindo a conformidade com as normas aeroespaciais. Os conhecimentos práticos realçam a integração de gémeos digitais e a monitorização em tempo real para otimizar os parâmetros de maquinagem e reduzir a variabilidade do fabrico.

12.1.3. Fabrico de produtos electrónicos

Estudo de caso: Montagem de placas de circuito impresso (PCB)

No fabrico de produtos electrónicos, os gabaritos e dispositivos facilitam a montagem de placas de circuito impresso, assegurando a colocação precisa dos componentes, a soldadura e as operações de teste. Um exemplo notável é a utilização de dispositivos de teste automatizados em instalações de fabrico de semicondutores. Estes dispositivos incorporam actuadores pneumáticos e sondas de contacto para realizar testes funcionais e caraterização eléctrica de circuitos integrados (ICs) antes da embalagem. Automatizando os procedimentos de teste e melhorando o rendimento do teste, os fabricantes podem acelerar o tempo de colocação no mercado dos dispositivos electrónicos, mantendo ao mesmo tempo protocolos rigorosos de garantia de qualidade. As principais informações destacam a importância de um design de fixação adaptável para acomodar a evolução dos tamanhos de pacotes de CI e configurações de pinos.

12.2 Histórias de sucesso e lições aprendidas

12.2.1. Empresa de Engenharia de Precisão

História de sucesso: Reduzindo os tempos de configuração

Uma empresa de engenharia de precisão reduziu com sucesso os tempos de preparação e melhorou a eficiência operacional através da implementação de dispositivos modulares de troca rápida. Ao normalizar os componentes de fixação e ao adotar mecanismos de fixação rápida, a empresa conseguiu uma redução de 30% nos tempos de mudança entre ciclos de produção. Esta iniciativa não só aumentou a flexibilidade de fabrico como também permitiu que os operadores se concentrassem mais em tarefas de valor acrescentado, como o controlo de qualidade e a otimização de processos. A principal lição aprendida é a adoção estratégica de princípios de conceção modular para simplificar as transições do fluxo de trabalho e maximizar o tempo de funcionamento da máquina.

12.2.2. Fabricante de dispositivos médicos

História de sucesso: Melhorar a garantia de qualidade

Um fabricante de dispositivos médicos melhorou a garantia de qualidade e a conformidade regulamentar ao integrar dispositivos de inspeção guiados por visão na sua linha de produção. Estes dispositivos incorporam sistemas de câmara e algoritmos de análise de imagem automatizados para efetuar a verificação dimensional e a deteção de defeitos em componentes médicos complexos. Ao aproveitar a análise de dados em tempo real e o controlo estatístico do processo (SPC), o fabricante conseguiu uma redução de 25% nas taxas de não conformidade e melhorou a rastreabilidade do produto ao longo do processo de fabrico. A perceção crítica obtida é a importância da melhoria contínua das capacidades de inspeção e a implementação de tecnologias de metrologia avançadas para manter padrões de qualidade rigorosos.

12.3 Percepções práticas dos peritos do sector

12.3.1. Integração da Indústria 4.0

Os especialistas da indústria enfatizam o impacto transformador das tecnologias da Indústria 4.0, como a conetividade IoT e as plataformas de fabrico digital, na otimização do desempenho dos gabaritos e acessórios. Ao incorporar sensores e dispositivos IoT nos dispositivos, os fabricantes podem monitorizar as métricas operacionais em tempo real, prever as necessidades de manutenção e otimizar os fluxos de trabalho de produção para uma maior eficiência e utilização de recursos.

12.3.2. Sustentabilidade e economia circular

Os especialistas destacam a crescente ênfase na sustentabilidade na conceção de gabaritos e acessórios, defendendo a utilização de materiais ecológicos, componentes modulares e materiais recicláveis. Ao adotar os princípios da economia circular, os fabricantes podem minimizar o impacto ambiental, reduzir a produção de resíduos e promover a conservação de recursos ao longo do ciclo de vida do produto.

12.3.3. Factores humanos e ergonomia

A abordagem dos factores humanos e das considerações ergonómicas é crucial para otimizar a segurança, o conforto e a produtividade do operador durante a utilização de gabaritos e dispositivos. Os especialistas da indústria sublinham a importância da conceção de postos de trabalho ergonómicos, ferramentas ergonómicas e programas de formação para mitigar os riscos ergonómicos, prevenir perturbações músculo-esqueléticas (MSDs) e melhorar a ergonomia no local de trabalho.

Capítulo 13: Apêndice Glossário

13.1 Definições de termos e conceitos-chave

13.1.1. Gabarito:

- Um gabarito é uma ferramenta ou dispositivo especializado utilizado para guiar, apoiar e manter uma peça de trabalho numa posição ou orientação específica durante os processos de fabrico, tais como perfuração, fresagem, soldadura ou montagem. Os gabaritos são concebidos para garantir a exatidão, a repetibilidade e a eficiência das operações de produção.

13.1.2. Fixação:

- Um dispositivo de fixação é um dispositivo ou arranjo personalizado utilizado para segurar, localizar e suportar com segurança uma peça de trabalho durante os processos de maquinação, inspeção ou montagem. As fixações são concebidas para manter a estabilidade da peça de trabalho, facilitar o posicionamento exato e otimizar a eficiência do fabrico.

13.1.3. Dispositivo modular:

- Uma fixação modular é um sistema de ferramentas versátil composto por componentes padronizados e elementos intercambiáveis, permitindo uma rápida configuração, reconfiguração e adaptação para acomodar diferentes geometrias de peças e requisitos de produção.

13.1.4. Dispositivo de localização:

- Um dispositivo de localização é um componente de um gabarito ou dispositivo de fixação que posiciona e alinha com precisão uma peça de trabalho relativamente a pontos de referência ou características na base do dispositivo de fixação ou na máquina-ferramenta. Os dispositivos de localização asseguram a precisão dimensional e a consistência nas operações de fabrico.

13.1.5. Mecanismo de aperto:

- Um mecanismo de fixação é uma parte integrante de gabaritos e acessórios concebidos para segurar e imobilizar com segurança uma peça de trabalho durante os processos de maquinagem, soldadura ou montagem. Os mecanismos de fixação variam em termos de tipo, incluindo grampos manuais, hidráulicos, pneumáticos e magnéticos, consoante os requisitos da aplicação.

13.1.6. Datum:

- Um ponto de referência é um ponto de referência, superfície ou caraterística utilizada como linha de base para medições dimensionais e alinhamento posicional no projeto de gabaritos e dispositivos. Os pontos de referência asseguram uma precisão de medição consistente e repetibilidade nas operações de fabrico.

13.1.7. Tolerância:

- A tolerância refere-se ao desvio ou variação permitida nas dimensões, forma, posição e acabamento da superfície de componentes maquinados ou montados dentro de limites especificados. As tolerâncias são fundamentais na conceção de gabaritos e dispositivos de fixação para assegurar a permutabilidade funcional e a compatibilidade da montagem.

13.1.8. Ergonomia na conceção de gabaritos e dispositivos:

- A ergonomia na conceção de gabaritos e dispositivos centra-se na otimização da disposição do posto de trabalho, na acessibilidade das ferramentas e no conforto do operador para reduzir o esforço físico, a fadiga e os riscos ergonómicos associados a tarefas repetitivas. A conceção ergonómica eficaz aumenta a produtividade, a segurança e o bem-estar do operador.

Referências

Livros:

- "Jig and Fixture Design Manual" de Erik Karl Henriksen
- "Design of Jigs, Fixtures, and Press Tools" por K.L. Narayana, N.K. Mehta, e V. Lakshminarayanan
- "Handbook of Jig and Fixture Design" de William E. Boyes

Revistas e publicações:

- Jornal de Sistemas de Fabrico
- Revista Internacional de Máquinas-Ferramenta e Fabrico
- Jornal de Tecnologia de Processamento de Materiais

Recursos online:

- Sociedade de Engenheiros de Fabrico (SME): Oferece artigos, webinars e informações do sector sobre o design de gabaritos e acessórios.
- Sociedade Americana de Engenheiros Mecânicos (ASME): Fornece normas, conferências e recursos técnicos relacionados com as tecnologias de fabrico, incluindo gabaritos e acessórios.
- Sociedade Internacional de Engenharia de Produção (MESI): Apresenta artigos de investigação, estudos de casos e relatórios técnicos sobre técnicas avançadas de fabrico e ferramentas.

Normas e especificações do sector:

- **ISO 9001:** Sistemas de gestão da qualidade - Requisitos
- **ISO 10110:** Ótica e fotónica - Preparação de desenhos para elementos e sistemas ópticos
- **ISO 1101:** Especificações geométricas de produto (GPS) - Tolerância geométrica - Tolerâncias de forma, orientação, localização e excentricidade

Normas e especificações para gabaritos e acessórios

Normas ISO:

- As normas ISO fornecem directrizes e especificações para a conceção, desempenho e segurança dos gabaritos e acessórios utilizados nos processos de fabrico. As principais normas ISO incluem a ISO 9001 para sistemas de gestão da qualidade e a ISO 10110 para especificações de componentes ópticos.

Normas ASME:

- A Sociedade Americana de Engenheiros Mecânicos (ASME) publica normas e códigos relacionados com as práticas de engenharia mecânica, incluindo a ASME B5.54 para as mandriladoras por coordenadas e a ASME Y14.5 para o dimensionamento geométrico e tolerâncias.

ASTM International:

- A ASTM International desenvolve e publica normas consensuais voluntárias para materiais, produtos, sistemas e serviços, incluindo a ASTM E1444 para ensaios de partículas magnéticas utilizadas em inspecções de fixações e a ASTM F2516 para orientações de segurança em máquinas-ferramentas.

Printed by Books on Demand GmbH, Norderstedt / Germany